ZEITSCHRIFT FÜR ANGEWANDTE GEOLOGIE

HERAUSGEGEBEN VON

DER STAATLICHEN GEOLOGISCHEN KOMMISSION

UND DER ZENTRALEN VORRATSKOMMISSION

DER DEUTSCHEN DEMOKRATISCHEN REPUBLIK

AUS DEM INHALT

AKADEMIE-VERLAG · BERLIN

BAND 5 / HEFT 9
SEPTEMBER 1959
SEITE 373—420

INHALT

Die ZEITSCHRIFT FÜR ANGEWANDTE GEOLOGIE berichtet ständig ausführlich über folgende Arbeitsgebiete: Geologische Grundlagenforschung und Lagerstättenforschung / Methodik der geologischen Erkundung / Ökonomie und Planung der geologischen Erkundung / Technik der geologischen Erkundung / Geologie und Lagerstättenkunde im Ausland / Bibliographie, Verordnungen, Richtlinien, Konferenzen, Personalnachrichten

Die ZEITSCHRIFT FÜR ANGEWANDTE GEOLOGIE ist kein Organ einer engen Fachgruppe. Auf ihren Seiten können alle strittigen Fragen der praktischen Geologie behandelt werden. Die Autoren übernehmen für ihre Aufsätze die übliche Verantwortung

Herausgeber: Staatliche Geologische Kommission und Zentrale Vorratskommission für mineralische Rohstoffe der Deutschen Demokratischen Republik. Chefredakteur: Prof. Dr. Erich Lange, Berlin. Redaktion: Berlin N. 4, Invalidenstraße 44. Verlag: Akademie-Verlag GmbH, Berlin W 1, Leipziger Straße 3—4 (Fernsprecher 220441, Postscheckkonto: Berlin 35021). Bestellnummer des Heftes: 1047/5/9. Die „Zeitschrift für angewandte Geologie" erscheint monatlich. Bezugspreis 2,— DM je Heft. — Satz und Druck: Druckhaus „Maxim Gorki", Altenburg. Veröffentlicht unter der Lizenznummer ZLN 5008 des Ministeriums für Kultur, Hauptverwaltung Verlagswesen. Karten: MdI der DDR Nr. 4872, 4961/K 11. Printed in Germany

ZEITSCHRIFT FÜR ANGEWANDTE GEOLOGIE

CHEFREDAKTEUR: PROF. DR. E. LANGE

BAND 5 SEPTEMBER 1959 HEFT 9

Vorschläge zur Schaffung einer einheitlichen Terminologie für vulkanische Gesteine

G. PANTÓ, Budapest

Der Aufschwung in der geologischen Untersuchung von Vulkangebieten scheint eine weltweite Erscheinung zu sein. Die geologische Erforschung vulkanischer Gebirge blieb früher überall weit hinter der Erforschung von Gebieten mit sedimentärer Bedeckung zurück. Die Ursache dafür lag z. T. darin, daß der kartierende Geologe die Probleme der Vulkangebirge nicht mit den klassischen geologischen Methoden erforschen konnte. Deshalb sah er diese als fremde Körper an. Die Petrographen befaßten sich dagegen meistens nur mit der Untersuchung von Handstücken frischer Lavagesteine. So entging ihrer Aufmerksamkeit die geologische Bedeutung der Gesteinskörper, ebenso wie die Wichtigkeit von pyroklastischen und veränderten Eruptivgesteinen bei der Auswertung ihrer Bildungsprozesse.

Die ersten Schritte zur Ausfüllung dieser Lücke unserer Kenntnisse wurden schon von mehreren Seiten gemacht, aber mangels einer einheitlichen Methodik und Terminologie war ein allgemeiner Überblick über die bisherigen Ergebnisse kaum zu erhalten. Die innerkarpatischen Vulkangebirge lieferten schon seit Beginn der petrographischen Forschungen viele klassische Erfahrungen.

Die u. a. auf der theoretischen Grundlage des neuen Systems der Magmatite von SZÁDECZKY-KARDOSS durchgeführten neuen Untersuchungen an den innerkarpatischen Vulkangebirgen bieten reiche Möglichkeit zur Umwertung unserer petrographisch-vulkanologischen Kenntnisse (9—13). Die besondere Rolle dieser ungarischen Forschungen innerhalb der Karpatenländer äußerte sich auch darin, daß die Leitung der „Sektion für Magmatismus und Petrologie" der Karpaten-Balkan-Assoziation des Internationalen Geologischen Kongresses mit SZÁDECZKY-KARDOSS einem ungarischen Forscher übertragen wurde.

Folgender Vorschlag, der auf der Sitzung der Ungarischen Geologischen Anstalt vom 6. bis 7. Februar 1959 unter Teilnahme der führenden ungarischen Petrographen als Diskussionsgrundlage diente und dann auch besprochen und angenommen wurde, ist zwecks Koordinierung der Schürfarbeiten innerhalb des Karpatenbogens ausgearbeitet worden (6). Die hiermit erfolgende Veröffentlichung dieses Vorschlages für die deutschen bzw. deutschsprechenden Fachkollegen soll zur Klärung und einheitlichen Behandlung dieser Probleme im weiteren Rahmen beitragen. Sie wird auf der Geochemischen Konferenz der Ungarischen Akademie der Wissenschaften vom 5. bis 10. Oktober 1959 weitergeführt werden.

Beurteilung der Bildungstiefe

Nach Untersuchungen von SZÁDECZKY-KARDOSS (8) kann die Bildungstiefe der Magmatite auf Grund der Mittelwerte ihrer granulometrischen Zusammensetzung beurteilt werden. Letztere kann am einfachsten und anschaulichsten durch logarithmische Kumulativwerte (Abb. 1) gekennzeichnet werden, die den Anteil der glasigen (einschließlich Mikrolithe, 1) bzw. kristallinen Bestandteile darstellen. Aus der Verteilung der Korngröße sind die Abkühlungsverhältnisse und die gravitativen Kornabseigerungsmöglichkeiten ableitbar und daraus der effusive, subvulkanische, hypabyssische bzw. abyssische Charakter des Gesteins leicht ablesbar.

Vorschlag: Die durch Korngrößen-Kurven gekennzeichneten effusiven und subvulkanischen Gesteine (bis 2 km Bildungstiefe) (Abb. 1) sollten zur Betonung ihrer engverknüpften Bildungsverhältnisse mit demselben Namen (z. B. Andesit, Dazit) belegt werden. Die Absonderung von hypabyssischen bzw. abyssischen Gesteinsarten auf Grund der Holokristallinität (7) verschleiert die genetische Verwandtschaft z. B. zwischen Andesiten und „Dioritporphyriten" desselben vulkanischen Baues. Namen für Tiefengesteine sollten für die Gesteinsarten vorbehalten bleiben, deren Korngrößen-Kurve keinen subvulkanischen Charakter mehr aufweist (granitporphyrisch, eugranitisch).

Berücksichtigung der chemischen bzw. mineralogischen Zusammensetzung bei der Benennung vulkanischer Gesteine

Obwohl die für altbekannte vulkanische Gesteine eingebürgerten Bezeichnungen, wie Basalt, Andesit, Dazit bzw. insgesamt Orthovulkanite, scheinbar gut definiert sind, gibt es Übergangsglieder, bei denen die Abgrenzung nicht einmal innerhalb der Karpaten einheitlich ist. Die Absonderung der sauren Andesit-

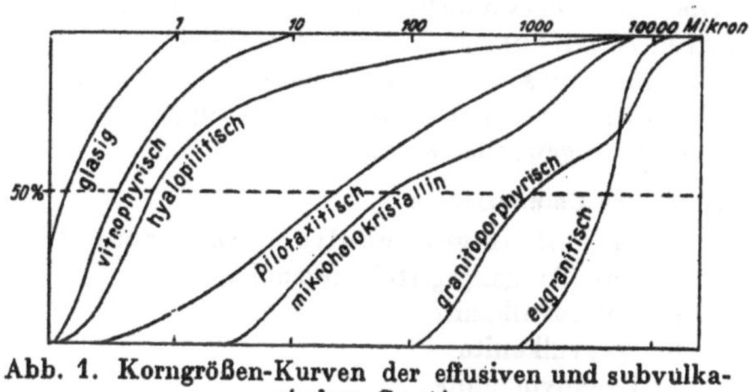

Abb. 1. Korngrößen-Kurven der effusiven und subvulkanischen Gesteine

Differentiate als Dazit beim niedrigsten (normativen oder modalen) SiO_2-Überschuß ist vulkanologisch ebensowenig begründet wie die Bezeichnung von basischen Gliedern der Andesitreihe als Basalt bei eben beginnender Ungesättigtheit (54% SiO_2) oder Fehlen (Hypersthen) bzw. Auftreten (Olivin) eines Gemengteiles (7).

Vorschlag: Andesit sollte als Sammelbegriff der neutralen Produkte des tertiären Vulkanismus in weiterem Sinne gebraucht werden. Die Endglieder dieser einheitlichen Differentiation sollten nur dann anders benannt werden, wenn gemäß allgemein anerkannter Kriterien (reichlicher Überschuß an SiO_2 bei Dazit, bedeutende Ungesättigtheit, Übergewicht femischer Gemengteile über Plagioklas beim Basalt) ein anderes Gestein vorliegt.

Berücksichtigung der Mengenverhältnisse der femischen Gemengteile bei der Benennung der Eruptivgesteine

Einzelne Eruptivgesteinsarten werden meist durch Anführung der wichtigsten femischen Gemengteile vom Sammeltyp unterschieden. Da bei der Bildung der Gesteinsnamen (mit substantiver oder attributiver Zusammensetzung) keine festgesetzte Regel eingehalten wird, sind die Benennungen in den verschiedenen Ländern unterschiedlich.

Vorschlag:

Substantive Verknüpfung bei über 15 Vol.-%	modalen Anteilen der femischen Gemengteile
Attribut mit „-führend" bei 5—15 Vol.-%	
Substantiv mit „mit" bei unter 5 Vol.-%	

Beispiel: Ein andesitisches Gestein mit 16% Amphibol, 12% Augit, 7% Biotit und 3% Granat sollte „Biotit- und Augit-führender Amphibolandesit mit Granat" genannt werden. Der mineralogischen Zusammensetzung entsprechend können einige Häufigkeitsintervalle doppelt belegt oder gar nicht vertreten sein. Ein Gestein mit 12% Biotit und 14% Amphibol sollte „biotit- und amphibolführender Andesit" heißen. So kann auch die modale Häufigkeit des Quarzes durch die Stufen: Quarzporphyr, quarzführender Porphyr und Porphyr mit Quarz angedeutet werden. Die endgültige Benennung wäre somit nur nach Feststellung der modalen Zusammensetzung möglich. Bei provisorischer Benennung sollten aber schätzungsweise dieselben Häufigkeitsintervalle berücksichtigt werden.

Die Benennung von umgewandelten vulkanischen Gesteinen (Hypo- und Meta-Vulkaniten)

Die für umgewandelte vulkanische Gesteine von SZÁDECZKY-KARDOSS eingeführten Begriffe und Gesteinsnamen (9) sollten in der kartierenden und montangeologischen Praxis nach folgender Gruppierung und Definition angewendet werden:

I. Homogene Umwandlungen

1. Zum Teil umgewandelte vulkanische Gesteine (Ausgangsgestein erkennbar)
   a) Chlorovulkanite
   b) Oxyvulkanite
   c) Leukovulkanite
   d) Hydrovulkanite
   e) Silikovulkanite
   f) Karbovulkanite
   g) Sulfovulkanite
   h) Feldspatisierte Vulkanite
2. Vollständig umgewandelte vulkanische Gesteine (Ausgangsgestein nicht erkennbar):
   a) Hydrothermalite
   b) Halmyrolytite

II. Inhomogene Umwandlungen

a) Pseudotuffe
b) Pseudoagglomerate

Zu I. Homogene Umwandlungen

1. Zum Teil umgewandelte vulkanische Gesteine

Vorschlag: a) Chlorovulkanit ist ein Sammelbegriff für reduktiv umgewandelte vulkanische Gesteine, deren grüne Färbung durch Umwandlungsprodukte wie Chlorit, Serpentin oder Epidot bedingt ist. Das Auftreten von FeS_2-Mineralien ist beinahe zwangsläufig. Der Name wird gebraucht, wenn die Umwandlung makroskopisch an der Farbe, mikroskopisch am Auftreten der obengenannten grünfarbigen Mineralien (mindestens etwa 5%) nachweisbar ist.

b) Oxyvulkanit ist ein Sammelbegriff für oxydativ umgewandelte vulkanische Gesteine mit Fe_2O_3-Mineralien als bezeichnende Umwandlungsprodukte. Eine mehr oder weniger rötliche Farbe des Gesteins und das Auftreten von Ferrioxyd im Grundmaterial und am Saum von Phenokristallen ist kennzeichnend. Dieser Umwandlungsgrad entspricht meistens einem O_{Fe}-Wert[1]) über 5. Die Intensität der roten Farbe tritt natürlich nicht proportional der Oxydation auf (Magnetitbildung bei Opazitisierung, verschiedene Modifikationen von Ferrioxyd). Rein limonitisierte, braune Hydroxyd-Vulkanite, die meist durch exogene Verwitterung entstanden sind, sind hier nicht inbegriffen.

c) Leukovulkanite heißen die ausgelaugten Oxyvulkanite, die entsprechend dem Verlust an Eisen ausgebleicht sind. Auch nichtoxydierte Gesteine können von einer Enteisenung ergriffen werden, da durch fakultative Verzehrung der femischen Minerale Ausbleichung verursacht wird. Ein Schwellenwert, der das Eisendefizit bestimmen sollte, kann noch nicht angegeben werden.

d) Hydrovulkanite werden umgewandelte vulkanische Gesteine genannt, deren Tonmineralgehalt (Glieder der Kaolinit-, Montmorillonit-, Illit- bzw. Serizit-Gruppen insgesamt) 5 Vol.-Prozent übertrifft. Oberhalb dieses Grenzwertes, der zugleich die Empfindlichkeitsgrenze der DTA bedeutet, läßt sich die „Kaolinisierung" makroskopisch und mikroskopisch leicht erkennen.

e) Silikovulkanite sind umgewandelte, meist gebleichte vulkanische Gesteine, deren SiO_2-Zunahme — auf das unveränderte Ausgangsgestein bezogen — 5 Vol.-Prozent übertrifft. Das Maß der nachträglichen SiO_2-Ausscheidung läßt sich im Dünnschliff leicht abschätzen.

[1]) Der O_{Fe}-Wert von SZÁDECZKY-KÁRDOSS bedeutet den Quotient der Gewichtsprozente $\frac{2\,Fe_2O_3}{FeO}$.

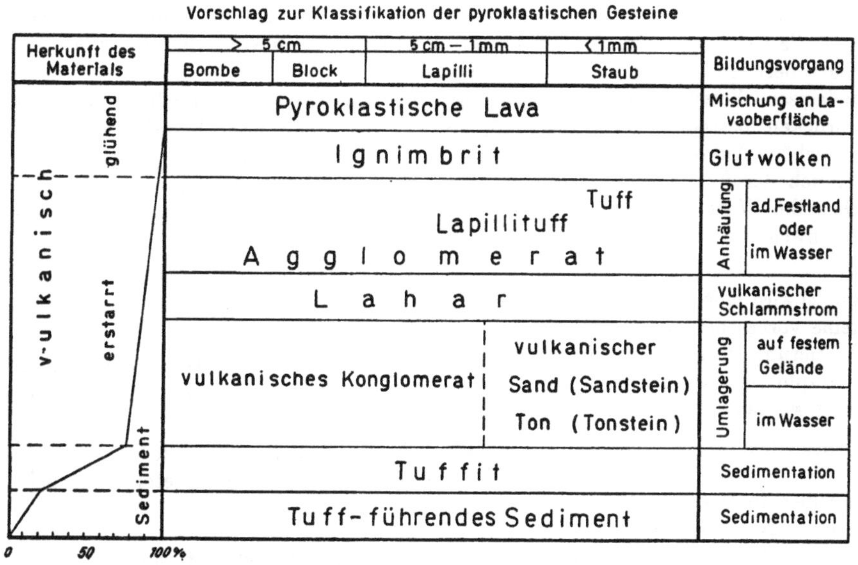

Abb. 2

f) Karbovulkanite werden die unter Einwirkung von Kohlendioxyd und Wasser zustande gekommenen, umgewandelten vulkanischen Gesteine genannt. Als Kriterium sollte dienen, daß Karbonatgehalte von 5 Vol.-Prozent (Siderit meist auf Kosten der femischen Minerale, Kalzit meist auf Kosten des Plagioklas) als Neubildungen angesehen werden.

g) Sulfovulkanite sind stark umgewandelte vulkanische Gesteine mit einem FeS_2-Gehalt von über 5% (2,5% S). Der Schwellenwert sollte nicht niedriger angegeben werden, um die Chlorovulkanite klar von den Sulfovulkaniten zu unterscheiden.

h) Feldspatisierte Vulkanite sind Produkte solcher Vorgänge, die zur Bildung sekundärer Feldspatausscheidungen führten (Albitisierung, Kalifeldspatisierung). Als untere Grenze sollte auch bei diesem — laut neuesten Untersuchungen weit verbreiteten — Umwandlungstyp 5 Vol.-Prozent Feldspatneubildung dienen.

2. Vollständig umgewandelte vulkanische Gesteine

Angesichts der Benennung ist nicht die Vollständigkeit der Umwandlung (90- oder 100prozentiger Stoffaustausch), sondern der Umstand wichtig, ob die Natur des Ausgangsgesteines sicher erkennbar ist oder nicht. Eine allmählich ablaufende Verkieselung kann auch bei vollständiger Verdrängung des ursprünglichen Gesteinsmaterials die ehemalige Textur bewahren. Eine Tonmineralbildung dagegen kann bei verhältnismäßig kleinem Ausmaß der Umwandlung die Beschaffenheit des Ausgangsgesteins verschleiern.

Wenn der Charakter des früheren Gesteins — obzwar stofflich umgewandelt — feststellbar ist, sollte das neue Gestein immer nach dem Ausgangsgestein benannt werden, z. B. silifizierter Andesit, kaolinisierter Rhyolit. Dadurch soll der genetische Verband des Gesteins zum Ausdruck gebracht werden. Eine scharfe Abgrenzung — etwa bei 50% sekundärem SiO_2-Mineral — von nur partiell oder völlig umgewandelten Gesteinen (z. B. Silikoandesit und Andesitosilicit) scheint geologisch nicht erforderlich zu sein. Vom Schwellenwert angefangen bis zum vollständigen Stoffwechsel sind alle Übergangsglieder Produkte gleichsinniger Vorgänge. Eine besondere Benennung ist nur im Falle mineralischer Rohstoffe, z B. von Quarzit, Kaolin, Bentonit usw., notwendig. Die Grenzwerte passen sich dann den Forderungen der praktischen Verwertung an.

Das Gestein soll aber in jedem Falle mit einem Namen belegt werden, auch wenn die Natur des Ausgangsgesteines nicht mehr festzustellen ist. Die Benennung kann sich dann auf zwei Anhaltspunkte stützen: Stoffliche Zusammensetzung und Genese (Bildungsvorgang).

Vorschlag: Gesteine, die durch Verdrängung eines nicht mehr bestimmbaren, präexistierenden Gesteines entstanden sind, sollten nach ihrem Bildungsvorgang als höhere Kategorie, nach ihrer Zusammensetzung als feinere Kategorie benannt werden.

a) Hydrothermalite sind Gesteine, die durch hydrothermale Verdrängung entstanden sind. Hydrothermalit ist dementsprechend kein Spezialname. Zur genauen Kennzeichnung eines Gesteins sollte in diesem Falle sein Name unbedingt mit einem Attribut versehen werden, z. B. Quarzit-Hydrothermalit, Illit-Hydrothermalit. Die durch freie Ausscheidung entstandenen hydrothermalen Spaltenausfüllungen sollten weiter spezifiziert werden. Beispiel: Gangquarzit-Hydrothermalit.

b) Halmyrolytite entstanden durch tiefgreifende Halmyrolyse aus präexistierenden Gesteinen (meistens Tuffen und Tuffiten). Zur Präzision der Benennung soll auch hier der Name des dominierenden Minerals beigefügt werden, z. B. Montmorillonit-Halmyrolytit.

Zu II. Inhomogene Umwandlungen

Die Umwandlungen erfassen des öfteren einen größeren Gesteinskörper nicht gleichmäßig, sondern greifen in manchen Fällen stellenweise weit vorwärts und bleiben an anderen Stellen zurück. Durch die ungleichmäßige Wirkung der nacheinander erfolgenden Umwandlungsprozesse entsteht ein inhomogenes Gestein, dessen schärfer oder verschwommener abgegrenzte Bereiche gleicher oder verschiedener stofflicher Veränderungen in recht unterschiedlichem Ausmaße umgewandelt wurden. Diese Bildungen wurden von SZÁDECZKY-KARDOSS Pseudopyroklastika (Pseudoagglomerate und Pseudotuffe) genannt.

Vorschlag: a) Pseudotuffe sind inhomogen umgewandelte vulkanische Gesteine, bei denen die Größe der homogen umgewandelten Einheiten unter 5 mm Durchmesser bleibt (Pseudolapillis).

b) Pseudoagglomerate sind inhomogen umgewandelte vulkanische Gesteine mit Einheiten über 5 mm Durchmesser (Pseudobomben).

Pyroklastische Gesteine

Entsprechend dem Aufschwung der geologischen Untersuchung vulkanischer Gebiete hat man sich in den letzten Jahren in allen Erdteilen viel mehr als zuvor mit den pyroklastischen Gesteinen befaßt. Bei eingehendem Studium erwies sich, daß die Geologen dafür keinen zutreffenden Fachwortschatz besitzen. Deshalb wurden von vielen Seiten terminologische Versuche gemacht. An möglichen Fachausdrücken besteht kein Mangel mehr. Es gibt bereits eine schöne Auswahl von Synonymen, jedoch ist der Gebrauch der Fachwörter bei weitem nicht einheitlich. Dasselbe Wort wird in verschiedenen Ländern in völlig abweichendem Sinne gebraucht.

In der beigefügten Tabelle (Abb. 2) wird eine Klassifikation der pyroklastischen Gesteine vorgeschlagen, die für Zwecke der geologischen Kartierung geeignet erscheint. Für die detaillierte petrographische Systematisierung sollte diese weiter unterteilt werden.

Die Grundidee der Einteilung wurde dem allgemeinen Schema von VADÁSZ (14) entnommen. Ohne alle bisher erschienenen Pyroklastit-Terminologien in Betracht zu ziehen, wurden in erster Linie die in den Nachbarländern der Volksrepublik Ungarn ausgearbeiteten Vorschläge berücksichtigt [TÖRÖK (13), KAROLUSOVA (2), KIRKINSKAJA (3), NAKOWNIK (5), MALEJEW (4)].

Zur vorgeschlagenen Klassifikation der pyroklastischen Gesteine sollen noch folgende Bemerkungen hinzugefügt werden:

a) K o r n g r ö ß e: Die Dreiteilung nach der Korngröße scheint den Gegebenheiten der kartierenden Praxis zu entsprechen. Eine Unterscheidung nach der Form ist nur im grobkörnigen Bereich notwendig, und zwar bei der Trennung von Bomben (abgerundet mit Abkühlungsschale) und Blöcken (unregelmäßige Bruchstücke). Zur Benennung der mittleren Korngröße scheint der Ausdruck Lapilli zu passen und für das Feinmaterial wird die Bezeichnung Staub vorgeschlagen. Der Ausdruck „Asche" sollte für Verbrennungsrückstände reserviert bleiben, und sedimentäre Fachausdrücke (z. B. Sand) sollten hier auch nicht eingeführt werden.

b) H e r k u n f t: Es sollte — in Hinblick auf die Bildungstemperatur — zwischen glühendem (Lava, Glutwolken) und erstarrtem vulkanischem Material unterschieden werden. Grenzwerte der sedimentären Beimischung wurden schon in der Nomenklatur der Sedimentgesteine [BÁRDOSSY (1)] festgelegt.

c) B i l d u n g s v o r g ä n g e: Es sollen nur die wichtigsten Wege der Entstehung von pyroklastischen Gesteinen erwähnt werden:

1. Mischung an der (oberen oder unteren) Lavaoberfläche;

2. Absetzung und Erstarrung von Glutwolken;

3. Anhäufung (durch Streuung) des Trümmermaterials auf dem Festland oder unter dem Wasserspiegel;

4. Konsolidierung von Schlammströmen;

5. Umlagerung des ausgeworfenen vulkanischen Trümmermaterials durch kontinentale oder aquatische Transportmedien;

6. Sedimentation unter Beimengung von eingefallenem oder eingeführtem vulkanischem Trümmermaterial.

d) B e n e n n u n g: Die vorgeschlagenen Fachausdrücke sollten wie folgt erörtert werden:

1. Mischgesteine aus Lava und Trümmermaterial (Tuff-Laven) könnten als „pyroklastische Lava" bezeichnet werden.

2. Für Produkte von e c h t e n Glutwolken sollte der neuseeländische Name „Ignimbrit" bewahrt werden.

3. Tuffe und Agglomerate sollten nur die an der p r i m ä r e n Anhäufungsstelle gebliebenen, aus direkter Streuung stammenden pyroklastischen Gesteine genannt werden.

4. Die eigenartigen Produkte aus Schlammströmen sollten mit dem javanischen Wort „Lahar" bezeichnet werden.

5. Umgelagerte pyroklastische Gesteine sollten durch Fachwörter aus der Sedimentpetrographie (Konglomerat, Sand, Ton) näher bezeichnet werden.

6. Für Mischgesteine scheinen „Tuffit" und „Tuff-führendes Sedimentgestein" die geeigneten Ausdrücke zu sein.

Umwandlungen von pyroklastischen Gesteinen

Pyroklastische Gesteine sind wegen ihrer Lockerheit und Porosität gegen Umwandlungseffekte viel empfindlicher als die entsprechenden Lavagesteine. Für homogene Umwandlungen — die manchmal recht bedeutende Ausdehnung haben — sind dieselben Definitionen anwendbar wie bei massigen Gesteinen. Weit vorgeschrittene Umwandlungen von großer praktischer Bedeutung — bei denen die Natur des Ausgangsgesteins nicht genau abzuschätzen ist — sind auch vorhanden und können als Hydrothermalite bzw. Halmyrolytite angesprochen werden.

Inhomogene Umwandlungen — die also echte pyroklastische Gesteine zu Pseudopyroklastika umprägen — sind hier auch nicht selten. In solchen Fällen ist es eine recht schwere Aufgabe, die wirkliche Herkunft der mehrfach umgewandelten Gesteine zu klären.

Literatur

(1) BÁRDOSSY, GY.: Üledékes közetek nvezéktanának kérdései. (Fragen der Nomenklatur von Sedimentgesteinen.) — Földtani Közlöny 1959 (in Vorbereitung).

(2) KAROLUSOVÁ-KOČIŠČÁKOVÁ, E.: Prispevok k problematike pyroklastik. — Geologické práca 49, 78, 1958.

(3) KIRKINSKAJA, W. N.: Piroklastitscheskije porody. L. B. RUCHIN. Sprawotschnoje rukowodstwo po petrografii ossadotschnych porod; Bd. II.

(4) MALEJEW, G. F.: Eschtscho o klassifikazii piroklastitscheskich porod. — Sapiski Wsesojusnowo Mineralogitscheskowo Obschtscheswa; II, 87, 120, 1958.

(5) NAKOWNIK, N. J.: Klassifikazija i terminologija piroklastitscheskich porod. — Sapiski Wsesojusnowo Mineralogitscheskowo Obschtschestwa; II, 84, 237, 1955.

(6) PANTÓ, G.: A vulkáni hegységek kutatásának időszerű kérdései. (Aktuelle Fragen der Erforschung von vulkanischen Gebirgen.) — Jahresberichte der Ung. Staatl. Geol. Anst. von 1958 (in Vorbereitung).

(7) SOBOLEW, W. S., KOSTJUK, W. P. etc.: Petrografija neogenowuch wulkanitscheskich i gipoabissalnych porod Sowetskich Karpat. — Akad. Nauk. USSR., Inst. Geologii Polesnych Iskopaemych.

(8) SZÁDECZKY-KARDOSS, E.: On the determination of the depth of crystallisation of igneous rocks and magmatic ore deposits. — Acta Geologica Academicae Sc. Hung. Tomus IV, Fac. 3–4, p. 341, 1957.

(9) — On the petrology of volcanic rocks and the interaction of magma and water. — Acta Geol. 5, 197, 1958.

(10) — Problema wulkanitscheskich Karpat w swete nowoj klassifikazii iswershennych porod (Magmatitow). — Materialy k sjesdu karpatobalkanskoj Assoziazii 1958, Kiew-Lwow.

(11) — Über Migrationserscheinungen magmatischer und metamorpher Gesteinsbildungsprozesse. — Freib. Forsch.-H. C 58, pp. 66–92, 1959.

(12) — A magmás kőzetek uj rendszerének elvi alapjai. (Die theoretischen Grundlagen des neuen Systems der Magmatite.) Ung. Akad. d. Wiss. Müsz. Tud. Oszt. Közl. p. 385, 1959.

(13) TÖRÖK, Z.: Problemele teoretice şi practice ale metodei facieşurilor complexe. — Studii şi Cercetări de Geologie-Geografie Acad. R. P. Romîne Filiala Cluj; 7, 71, 1956.

(14) VADÁSZ, E.: Elemző föld tan. (Allgemeine Geologie.) Akadémiai Kiadó 1955.

Zeitschrift für angewandte Geologie (1959) Heft 9

Neue Ergebnisse der Strukturerkundung und Erdgas-Suche im Thüringer Becken

WOLF HESSMANN, Gommern

1. Einleitung

Im Thüringer Becken sind etwa seit Beginn unseres Jahrhunderts Erdgas- und Erdölanzeichen an vielen Stellen bekannt geworden. Besonders beim Bergbau und bei Bohrungen auf Kali und Kupferschiefer stieß man immer wieder auf mehr oder weniger brennbare Gase und „Petroleum"-Anzeichen (STOLLE 1949). Erst infolge stärkerer Anhäufung derartiger Austritte und mehrerer damit verbundener Explosionsunglücke wurden ab 1930 systematische erdölgeologische Untersuchungen in Thüringen begonnen. Die Ergebnisse dieser ersten Arbeiten sind zumeist in der Literatur verstreut. Nach dem 2. Weltkrieg wurden von F. DEUBEL in 2 veröffentlichten Berichten und einem unveröffentlichten Gutachten die Erdöl- und Erdgasvorkommen abgehandelt und zusammengefaßt (DEUBEL 1948, 1949, 1954).

Von H. KÖLBEL wurde schließlich der Stand der erdölgeologischen Erkundung bis 1956 dargestellt (KÖLBEL 1956). Die nachstehend aufgeführten Ergebnisse fußen auf den von uns in der Zeit von 1955—1958 durchgeführten Untersuchungsarbeiten.

In den Jahren 1955—1958 wurde in Thüringen ein umfangreiches Untersuchungsprogramm abgewickelt. Das 1950 wieder aufgenommene und in den Jahren 1954/55 fast völlig zum Erliegen gekommene Tiefbohrprogramm wurde besonders ab Frühjahr 1957 verstärkt durchgeführt. In den Jahren 1957 und 1958 wurde ferner mit Bohrgeräten von 200 m und 500 m Teufenkapazität die Erkundung des strukturellen Aufbaues von Keuper, Muschelkalk und Buntsandstein in Angriff genommen. In Erweiterung dieses Programms entwickelte sich ein gesondertes Bohrprogramm zur speziellen Untersuchung der Erdgasführung des Mittleren Buntsandsteins (Chirotheriensandstein und tiefere Schichtenfolgen). Schließlich wurden an bestimmten Teilen der Aufwölbungen in geringem Umfang die zutage tretenden Schichtenfolgen an planmäßig angelegten Schürfen, Rohrleitungsgräben und Baugruben untersucht. Im Bereiche anstehenden Muschelkalks wurden durch Flachbohrungen geochemische Horizontierungsmethoden nach Dr. JUBITZ, Berlin, versuchsweise angewandt.

Das Mitte 1958 begonnene seismische Untersuchungsprogramm stellt mit seinen Reflexionen aus den Zechsteinhorizonten das erkenntnismäßig äußerst wertvolle Gegenstück zur Erkundung der unteren Stockwerke dar. Diese selbst, also der Zechstein und seine liegenden Schichten, sind bekanntermaßen nur am Beckenrand und in den Untertageaufschlüssen der Schächte direkt zugänglich. Die niedergebrachten Tiefbohrungen verhalfen hier ebenfalls zu konkreteren Vorstellungen z. B. über das Kristallin des Präsalinars.

Ausgehend von der zu Beginn unserer Untersuchungen bestehenden Arbeitshypothese, daß den Aufwölbungen der Trias Aufwölbungen des Zechsteins entsprechen, war die Verbreitung der zutage tretenden Schichten für die Festlegung von Bohrpunkten von großer Bedeutung. Die von F. DEUBEL für den Forstberg bei Mühlhausen angegebene gleichsinnige und gleichstarke (konkordante) Aufwölbung von Trias und Zechstein (DEUBEL 1949, S. 3) wurde auf das gesamte Becken mit Ausnahme der großen Störungszonen verallgemeinert und auf Grund einer 1930—1934 durchgeführten Kartierung im Maßstab 1 : 25000 Strukturkarten für den Leithorizont Oberkante Mittlerer Muschelkalk und

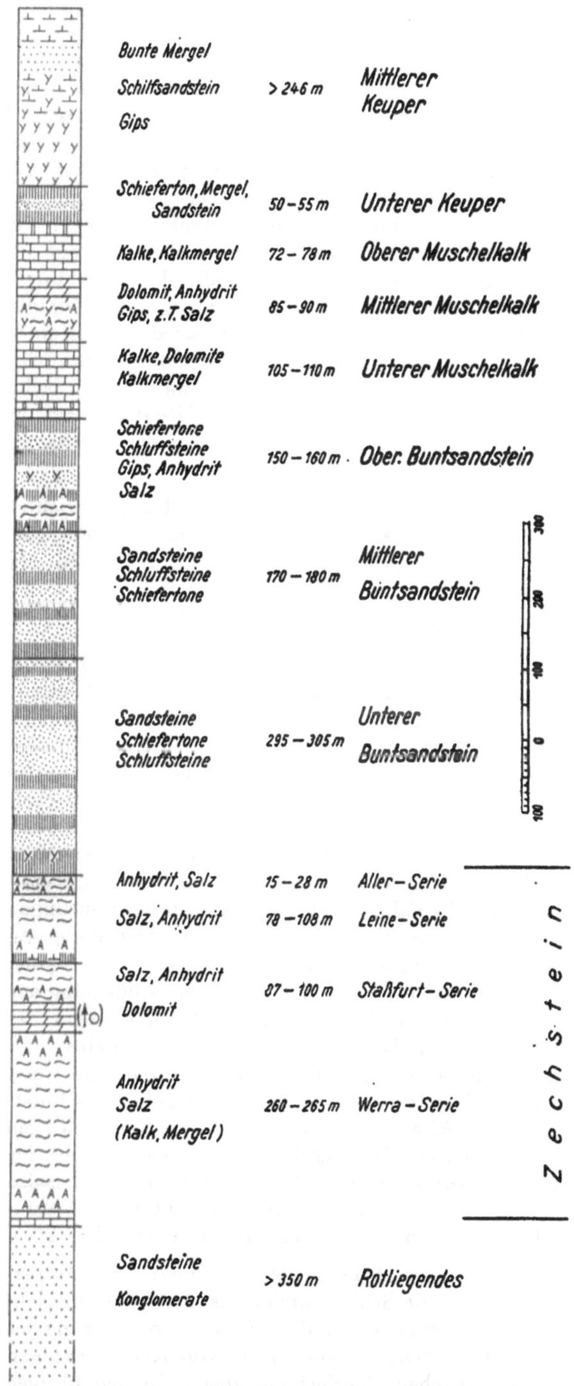

Abb. 1. Schematisches Normalprofil im Muldengebiet (Beispiel Altengottern). Schichtenfolge vom Mittleren Keuper bis zum Rotliegenden

(✝ 0) = Produktive Erdgas- u. Erdölvorkommen möglich oder nachgewiesen die Unterkante des Staßfurtsalzes bzw. des Basalanhydrites entworfen. Für die Strukturen Fahner Höhe, Langensalza und das Schlotheim-Tennstedter Gewölbe wurden im Rahmen von Diplomarbeiten der Universität Jena in den Jahren 1950—1955 ebenfalls Neukartierungen vorgenommen. Leider steht eine Veröffentlichung und Zusammenfassung bis heute aus. Bei der von uns durchgeführten Fortsetzung und Erweiterung des Tiefbohrprogramms mußten wir uns mit diesen Karten und den in ihnen niedergelegten Ansichten auseinandersetzen.

Entsprechend den gestellten Aufgaben wurde deshalb neben den erdölgeologischen Spezialuntersuchungen des Speichers und der anderen höffigen Schichten vor allem der räumlichen Verbreitung der einzelnen Schichtenfolgen und dem strukturellen Aufbau das Hauptaugenmerk zugewandt. Durch die genauere Kenntnis des oberen Stockwerkes der Trias ist es jetzt möglich, zu einigen tektonischen und erdölgeologischen Fragen des gesamten Schichtenkomplexes wertvolle Aussagen zu machen. In der vorliegenden Arbeit soll speziell auf die früher und die von uns angewandte Untersuchungsmethodik und die Bedeutung ihrer Ergebnisse für die Erdöl- und Erdgassuche eingegangen werden. Nach einer kurzen geologischen Übersicht des untersuchten Gebietes werden in einem Abschnitt die an der Oberfläche erkennbare geologisch-strukturelle Situation und in einem weiteren Abschnitt die Ergebnisse der Bohrungen der Trias angeführt.

Auf eine detaillierte Stratigraphie soll hier verzichtet werden. Der letzte Abschnitt befaßt sich mit dem Auftreten von Erdgas in verschiedenen Schichten der Trias.

1.1 Kurze geologische Übersicht

Die angeführten Untersuchungen konzentrierten sich auf den Westteil des Thüringer Beckens. Speziell wurde das Gebiet zwischen der Eichenberg-Gothaer Störungszone und dem Schlotheimer Graben, zwischen Erfurt und dem Kaligebiet Volkenroda-Pöthen, näher untersucht. Im einzelnen handelt es sich dabei um die Muschelkalk-Aufwölbungen des Forstberges bei Mühlhausen, den Südflügel des Schlotheim-Tennstedter Gewölbes (= Kirchheilingen) sowie die Antiklinalen von Langensalza und die Fahner Höhe. Ferner wurden Bohrungen im Schlotheimer Graben und in der Keupermulde von Altengottern niedergebracht. Stratigraphisch bauen sich diese Gebiete je nach Hoch- oder Muldenlage aus den Schichten des Mittleren und Unteren Keupers, des Muschelkalkes, Buntsandsteins und Zechsteins auf. Dazu kommt noch gebietsweise eine ± mächtige Holozän- und Pleistozän-Überdeckung. Im Gebiet des Forstberges, der Altengotternschen Mulde und Kirchheilingen wurden unter dem Zechstein Rotliegendsandsteine erbohrt. Auf dem Südteil der Struktur Langensalza hingegen traf man mit einer Bohrung unter dem Werra-Zyklus Ortho- und Paragneise an (siehe Abb. 1 u. 2).

In den angeführten Profilen erfolgte die Grenzziehung für die Schichtenfolge bis etwa Chirotherien-Sandstein und in der Staßfurt-Serie zur Begrenzung des Speichers vorwiegend auf Grund von Kernaufnahmen und elektrischen Bohrlochmessungen. In den übrigen Horizonten wurden die Schichtgrenzen auf Grund der wesentlich ungenaueren Spülprobenbefunde und ebenfalls der elektrischen Bohrlochvermessung festgelegt.

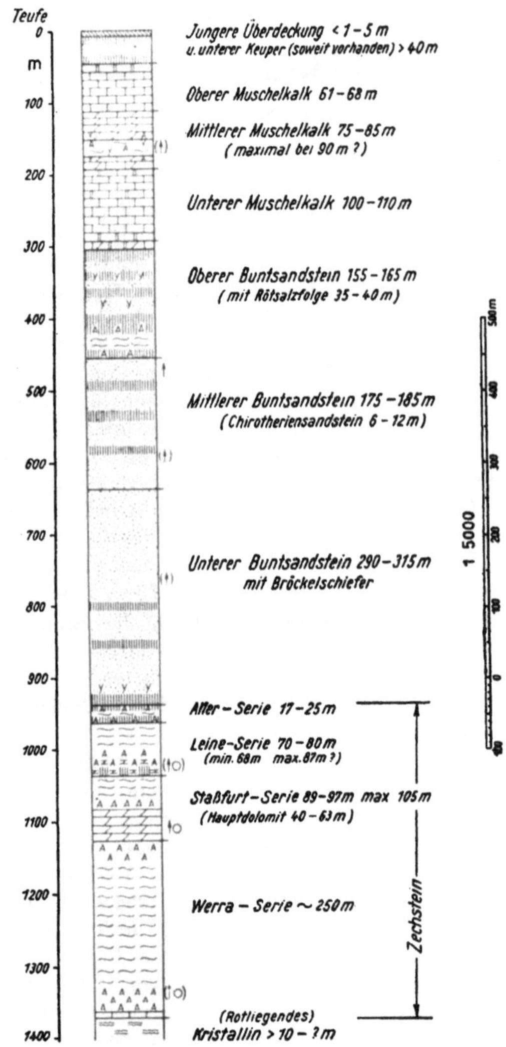

Abb. 2. Schematisches Normalprofil einer gasführenden Aufwölbung (Beispiel Langensalza). Schichtenfolge vom Unteren Keuper (an den Strukturflanken) oder Oberen Muschelkalk (Top der Struktur) bis Präsalinar

↑ 0 = Produktive Erdgas- und Erdölvorkommen nachgewiesen oder in Förderung

(↑ 0) = Schwächere und stärkere Erdgas- und Erdölanzeichen bekannt

2. Bemerkungen zum strukturellen Aufbau der Trias

2.1 Die Oberflächensituation

Bei der Niederbringung von Bohrungen, aber auch bei den künstlichen Übertageaufschlüssen wie Fundamentgruben, Rohrleitungsgräben u. a., stellten sich immer häufiger Abweichungen zwischen dem vorliegenden Unterlagenmaterial und dem Feldbefund ein. Auf dem Nordteil der Struktur Langensalza mußte so eine bedeutend größere Verbreitung des Unteren Keupers festgestellt werden. Beispielsweise wurde am Bohrpunkt La. 10 und 11, die auf als „Oberer Muschelkalk" kartiertem Gebiet liegen, 3,80 m bzw. 2,2 m Keupermächtigkeit gefunden.

Bemerkenswert in diesen künstlichen Aufschlüssen war jedoch die Feststellung kleintektonischer Elemente wie kleinere Falten, Stauchungen und Störungen, an denen Sandsteine, Schiefertone und Dolomitmergelbänke des Unteren Keupers gegen Oberen Muschelkalk verschoben bzw. verworfen wurden.

Einer speziellen Untersuchung der Kleintektonik ist in Zukunft mehr Aufmerksamkeit zu schenken.

Obwohl diesen kleintektonischen Formen zunächst für die darunter lagernde Gesamtstruktur vermutlich wenig Bedeutung zukommt, lassen diese Beobachtungen jedoch die von F. DEUBEL (1949) vertretene Ansicht einer vollkommen bruchlosen Aufwölbung der Antiklinale Langensalza als fraglich erscheinen. Es scheint uns eher wahrscheinlich, daß die saxonische Tektonik auch in den, den großen Störungszonen (Schlotheimer Graben, Eichenberg-Gothaer Störungszone) ferner gelegenen Aufwölbungen ihre gleichen Spuren, nur graduell bedeutend schwächer, zurückgelassen hat.

Diese „Kleinstörungen" auf dem Scheitel und der SW-Flanke des Nordteils der Antiklinale Langensalza waren bis dahin unbekannt und nicht in der geologischen Spezial-Kartierung eingezeichnet. Im Gegensatz hierzu war z. B. die exakte Festlegung einer von F. DEUBEL nördlich des Forstberges angegebenen Störung (Windeberg-Saalfeld) weder durch Peilstangenbohrungen noch durch 200-m-Bohrungen möglich.

Es ist verständlich, daß bei einer teilweise tiefgründigen Verwitterung vom Oberen Muschelkalk und Unteren Keuper diese ohnehin nicht immer einfache Grenzziehung schwerfällt. Kommt erschwerend noch Hangneigung oder (stellenweise) mehrere Meter mächtige Pleistozänüberdeckung hinzu, wird das Bild völlig verwischt.

Schließlich muß man in diese Betrachtung jene Erscheinungen mit einbeziehen, die auf eine Auslaugung salinarer Schichten (Steinsalz, Anhydrit-Gips) des Mittleren Muschelkalkes zurückzuführen sind. Dieses unter den Begriff „Erdfälle" allgemein bekannte Nachstürzen und Abrutschen kleinerer und größerer Schichtenpakete des überlagernden Oberen Muschelkalkes können im Geländeanschnitt (z. B. auf der steilen Flanke und in ihren eingeschnittenen Trockentälern der Struktur Fahner Höhe) echte Tektonik vortäuschen. Wesentlich ist die Tatsache, daß diese „Pseudotektonik" die Untersuchungen über den Strukturaufbau nicht selten kompliziert.

Wichtig ist jedoch, und darauf wiesen F. DEUBEL (1949) und andere Autoren hin, daß das Auftreten von Erdfällen primär an Zerklüftung der abdeckenden Schichten gebunden ist. Im Forstberg-Gebiet z. B. wird ein nahezu völlig intakter Kern der Struktur von einem breiten Ring der Auslaugung des Mittleren Muschelkalkes umgeben. Man kann in diesen Erdfallzonen den indirekten Beweis tektonischer Beanspruchung bestimmter Strukturteile sehen.

Für die erdölgeologische Betrachtung lassen sich aus dem Gesagten einige Schlußfolgerungen ableiten:

Eine Grenzziehung Unterer Keuper-Oberer Muschelkalk auf Grund von Lesesteinen und einfachen Peilstangenbohrungen und die direkte Festlegung von Störungen ohne künstliche Aufschlüsse ist in weiten Gebieten der erdöl- und erdgashöffigen Antiklinalen oft äußerst schwierig und nicht selten mit ± großer Ungenauigkeit verbunden.

Aus diesen Kartierungen abgeleitete Strukturkarten geben für bestimmte Strukturteile (z. B. die durch Unteren Keuper überdeckten Flanken) oder auch für die Gesamtstruktur nur angenäherte Werte über den strukturellen Aufbau. Gleichwohl gestatten derartige Karten einen ersten groben Überblick. Auf ihrer Grundlage können in neu zu untersuchenden Gebieten die Profile einer ersten seismischen Vermessung und allenfalls noch eine erste Tast- oder Kartierungsbohrung zur Interpretation der Seismik angesetzt werden.

2.2 Untersuchung der tieferen Schichten durch Kern- und Meißelbohrungen

Vom erdölgeologischen Standpunkt interessieren an diesen Schichten nur der strukturelle Aufbau im Rahmen der gesamten Struktur, Mächtigkeitsschwankungen und Störungen sowie jene Schichtenfolgen, die durch Speicherfähigkeit oder abdichtende Eigenschaften für eine Erdöl- (hier Erdgas) führung und Lagerstättenbildung geeignet erscheinen.

Zur Spezifizierung der in bekannter Weise gewonnenen Strukturkarten wurden mit Flach- und Tiefbohrungen die erdgashöffigen Antiklinalen abgebohrt.

Im Gebiet der Fahner Höhe wurden anstelle der teuren und schwerfälligen Kernbohrungen versuchsweise mit einem Salzgitter-Gerät (Typ H—60) Meißelbohrungen im Unteren Keuper, Oberen u. Mittleren Muschelkalk durchgeführt und auf dem Weg einer geochemischen Horizontierung nach Dr. JUBITZ, Berlin, eine Präzisierung der Strukturkarten versucht. Da diese Gemeinschaftsarbeit zwischen dem Geotektonischen Institut der Deutschen Akademie der Wissenschaften, Dr. JUBITZ und dem VEB Erdöl und Erdgas, Stützpunkt Gotha, unseres Wissens nach nicht völlig abgeschlossen ist, wird zu gegebener Zeit hierüber berichtet werden.

Im Rahmen des Strukturerkundungsprogramms wurden in den Gebieten Mühlhausen, Kirchheilingen-Altengottern, Langensalza und im weiteren Bereich der Fahner Höhe eine ganze Anzahl von Bohrungen bis zum Unteren Muschelkalk bzw. Oberen Buntsandstein niedergebracht. Ferner wurden auf Langensalza Bohrungen auf den Mittleren Buntsandstein (Chirotherien-Sandstein im weiteren Sinne) gestoßen. Schließlich wurden die tieferen Schichten der Trias durch die von Mitte 1955 bis Ende 1958 niedergebrachten Tiefbohrungen zur eigentlichen Erdgas- und Erdölerkundung durchsunken.

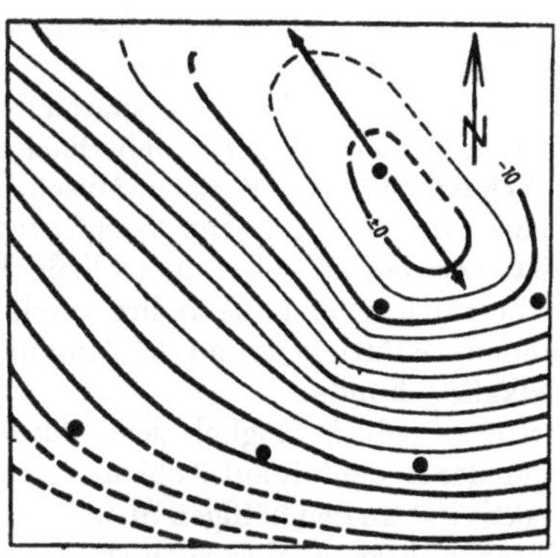

Abb. 3.

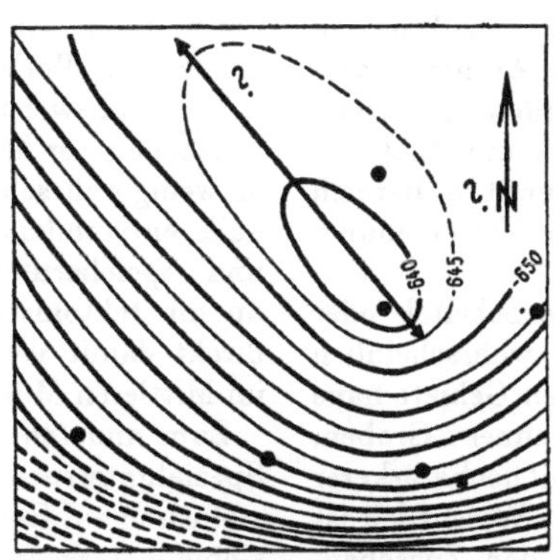

Abb. 4.

Isohypsen der Oberkante Mittlerer Buntsandstein und Oberkante Hauptdolomit. Ausschnitte aus den Strukturkarten des Forstberges bei Mühlhausen (Stand v. 31. 12. 58)
Abb. 3 zeigt die Sattelachse gegenüber Abb. 4 um eine bedeutende Strecke nach NE verschoben. Bohrpunktabstand zwischen 700 und 800 m

Versucht man eine erste Zusammenfassung, so kann festgestellt werden, daß der stratigraphisch-petrographische Aufbau des Unteren Keupers, des Oberen und Unteren Muschelkalkes und des Mittleren und Unteren Buntsandsteines kaum wesentliche Schwankungen und Veränderungen aufzuweisen scheint. Sieht man von dem bei klastischen Sedimenten wie Unterer Buntsandstein und Unterer Keuper üblichen Wechsel gröber- und feinerklastischen Materials und Verschiedenheit des Bindemittels ab, sind im Aufbau und Mächtigkeit ± gleichmäßige Schichtenfolgen zu verzeichnen. Diese selbstverständlich vom Blickwinkel der Erdölgeologie aus gegebene Einschätzung trifft für die zu einer salinaren Fazies tendierenden Gesteinsfolgen wie Mittlerer Keuper, Mittlerer Muschelkalk und Oberer Buntsandstein nicht mehr zu. Es kann hier die primäre Ausbildung von Steinsalz-Anhydrit/Gips-Dolomit größere Schwankungen im Anteil der einzelnen Komponenten und damit der jeweiligen Mächtigkeit aufweisen. Stärker noch sind die Störungen und tektonischen Elemente überhaupt für eine stellenweise relativ große Uneinheitlichkeit dieser Schichten verantwortlich.

Zwar sind weniger direkte Einflüsse wie Ausdünnung oder Aufstauung — wie z. B. bei der 35-40 m mächtigen Steinsalzfolge des Rötes vermutet werden könnte — bekannt oder sicher nachgewiesen. Jedoch zeigte sich, wie unter Punkt 2.1 bereits ausgeführt, bei geeigneter Hochlage, d. h. nicht zu großer Überdeckung wasserhemmender Schichten durch die tektonische Zerrüttung, die auslaugende Wirkung zirkulierender Wässer. Beispielsweise wurden auf dem Forstberg bei Mühlhausen zwischen den Strukturerkundungsbohrungen Mühlhausen 1 E und Mühlhausen 5 Mächtigkeiten des Mittleren Muschelkalkes einmal von 53 m und einmal von 81 m im Kern erbohrt.

Für die Interpretation des strukturellen Aufbaues der erdgashöffigen Gebiete bergen die genannten Faktoren weitere Unsicherheitsfaktoren. Es muß die bis heute als Leithorizont benutzte Grenze mo_1/mm (Unterkante Trochitenkalk) in bestimmten Gebieten der Auslaugung als unsicher gelten. Strukturkarten dieses Horizontes wie auch anderer Triashorizonte sind für die Klärung erdölgeologischer Fragen jedoch noch aus einem anderen Grund nur bedingt brauchbar. Abgesehen davon, daß aus petrographischen und tektonischen Gründen die Verbreitung von Erdgas und Erdöl sowie Salzwasser nicht in jedem Fall streng an den Strukturverlauf gebunden scheint, konnte innerhalb einer Struktur ein abweichender Verlauf des strukturellen Aufbaues verschiedener Horizonte nachgewiesen werden. So zeigen die Scheitel der Isohypsenkarte Oberkante Mittlerer Buntsandstein und Oberkante Hauptdolomit im Bereich der Forstberg-Antiklinale eine deutliche Verschiebung. (Siehe Abb. 3 und 4, S. 379).

Auch auf anderen Strukturen ist eine Scheitel- oder Achsenverschiebung festgestellt oder wahrscheinlich gemacht worden. Liegen die untersuchten Gebiete nahe den großen Störungszonen (Schlotheimer Graben, Gotha-Eichenberger Störungszone), ist mit noch stärkerer Disharmonie zu rechnen (KNIEG 1959). Wesentlich ist jedoch die Feststellung, daß auch in den Zwischengebieten die von F. DEUBEL (1949) angenommene völlige Übereinstimmung zwischen Trias und Zechsteintektonik nicht in diesem Umfang zu bestehen scheint. Nach unseren bisherigen Erfahrungen spiegeln die Oberflächenstrukturen, wenn überhaupt, nur ein stark vergröbertes Bild der tektonischen Verhältnisse im Salinar wider.

Für spezielle Untersuchung des im Zechsteinsalinar gelegenen Hauptspeichers (Hauptdolomit) haben Strukturkarten aus der Trias allein keine Bedeutung. Ein Strukturerkundungsprogramm (Kartierung) mit Bohrungen auf nur diese oberen Horizonte kann lediglich zur Klärung der Gesamttektonik des Untersuchungsgebietes beitragen, niemals jedoch konkrete Hinweise für Ansatzpunkte von Erdöl- und Erdgasbohrungen geben.

3. Die Erdgasführung der Trias

Wie einleitend angeführt, sind Spuren von Gasen in der Trias seit langem bekannt. F. DEUBEL hat in seinem Gutachten eine Einschätzung der einzelnen Horizonte gegeben, der wir uns im wesentlichen anschließen. Festgestellt werden konnte von uns, daß praktisch in der gesamten Schichtenfolge bei einigermaßen geeigneter Speicherfähigkeit der Gesteine Spuren von Erdgas nachgewiesen werden konnten (s. Abb. 1 u. 2).

Als oberster Horizont mit sicheren oder deutlich erkennbaren Erdgasspuren wurde der Mittlere Muschelkalk festgestellt. So zeigte die Strukturerkundungsbohrung Langensalza 5 auf dem Südteil der Struktur Langensalza bei etwa 50 m einen regelrechten kleinen „Gasausbruch" mit selbsttätigem Ausfluß der Spülung. Das Gas hatte starken Schwefelwasserstoffgeruch. Leider war es infolge technischer Schwierigkeiten nicht möglich, eine Gasprobe zu entnehmen. Das in den Unstrutschottern und dem Gehängeschutt angesetzte Bohrloch stürzte zusammen, in einer in der Nähe niedergebrachten Bohrung konnten jedoch keine sicheren Gasanzeichen mehr bemerkt werden. Vermutlich dürfte neben H_2S die Hauptmenge des Gases aus N_2 bestanden haben. Ein derartiges Gas wurde bei totalem Spülverlust ebenfalls im Mittleren Muschelkalk auf der Tiefbohrung La 15, auf dem Nordteil der genannten Struktur, angefahren. Während in ca. 30 m Teufe an der Grenze Unterer Keuper/Oberer Muschelkalk sehr starke Wasserführung festgestellt wurde, verschwanden bei 186 m Teufe unter starkem Rauschen Wasserzulauf und Spülung. Statt dessen trat in mäßig starkem Strom ein fast geruchloses Gas aus, das bei längerem Verweilen im Gasstrom Schwindelgefühle und Bewußtlosigkeit hervorrief.

Wenn im Mittleren Muschelkalk wohl kaum mit produktiven Gasmengen gerechnet werden kann, so geben diese Vorkommen jedoch zwei Hinweise:

Einmal beweist das Auftreten stärkerer Gasspuren die Tatsache einer Migration bis faktisch zur Erdoberfläche, da wenig wahrscheinlich ist, daß man primär im Muschelkalk entstandene Gase vor sich hat. Die Wanderung und Speicherung ist vorwiegend oder ausschließlich an die tektonische Zerrüttung und die indirekt oder direkt damit verbundene Klüftigkeit und Auslaugung im Mittleren Muschelkalk gebunden.

Zum anderen dürfte es jedoch möglich sein, durch Spezialuntersuchungen der Bodenluft auf Kohlenwasserstoffe und auf Radioaktivität an den höffigen Strukturen Gebiete stärkerer Gasanreicherung, aber auch stärkerer tektonischer Beanspruchung auskartieren zu können. In diesem Zusammenhang soll auf 1935 von LAUBMEYER am Forstberg durchgeführte Untersuchungen ähnlicher Art hingewiesen werden. Auch an der ähnlich gearteten Lagerstätte des Fallsteins wurden unseres

Wissens in jüngerer Zeit vom VEB Geophysik radiometrische und Bodengas-Untersuchungen vorgenommen.

Wesentlich besser sind wir über die Vorkommen von Gas in den speicherfähigen Sandsteinen des Buntsandsteins informiert. Während aus den petrographisch wenig speicherfreudigen Gesteinen des Unteren Muschelkalkes und Röts bisher keine sicheren oder nennenswerten Gasspuren bekannt sind, sind Gase aus Mittleren und Unteren Buntsandstein-Schichten beobachtet worden. Speziell die teilweise recht gut porösen und permeablen mittel- bis grobkörnigen Sandsteine im Chirotherien-Sandstein von Langensalza und einiger etwas tiefer gelegenen Horizonte in anderen Gebieten zeichnen sich durch beachtliche Gasführung, aber auch durch sehr starke Wasserführung aus. Nach vorliegenden Analysen enthält das Gas 30—34% CH_4 und 66—70% N_2. Trotz dieser relativ schlechten chemischen Zusammensetzung dürfte eine industrielle Nutzung in Frage kommen. Sollten die laufenden Test- und Produktionsversuche weiterhin positiv verlaufen, ist auch eine Fortführung der Prospektion vertretbar.

Immerhin konnten in einer Anzahl bis Ende 1958 abgeschlossenen Bohrungen aus dem Chirotheriensandstein und in einer Tiefbohrung wirtschaftlich interessante Gasmengen festgestellt werden.

Auch in tieferen Lagen des Mittleren und Unteren Buntsandsteins wurden früher (DEUBEL 1949) Gase in stärkeren Spuren bereits beobachtet. Es kommen hierfür die den Schiefertonen und Schluffsteinen zwischengelagerten Fein- und Mittel-Sandsteine in Frage. Neuerdings angestellte automatische Registrierungen des Gasgehaltes in der Spülung bedürfen noch der Auswertung.

Die Herkunft der Gase aus dem Zechstein kann als sicher angenommen werden. Sowohl der vorwiegend terrigene Charakter des hauptsächlich kontinental gebildeten Mittleren und Unteren Buntsandsteines wie auch eine vielfach festgestellte Migration des Gases durch die Salze sprechen dafür (STOLLE, 1949).

Die heutige Verteilung von Gas im Schichtenkomplex dürfte wohl wesentlich durch die in den geologischen Zeiträumen bis heute andauernde langsame Diffusion der Stoffe durch die Schichtenfolgen und die stärkere Migration der Gase in tektonisch zerrütteten Gebieten bedingt sein.

Literatur

BUBNOFF, S. v.: Beiträge zur Tektonik des Thüringer Beckens. — Abh. Deut. Akad. Wiss. Berlin Jahrg. 1953, Nr. 3, 1954.
DEUBEL, F.: Erdgasvorkommen in Thüringen. — Bergbau u. Energie, Bd. 1, Nr. 1, April 1948, S. 26.
DITTRICH, E.: Die Struktur von Langensalza. — Dipl.-Arb. Jena, 1954, unveröffentlicht.
KÖLBEL, H.: Die bisherigen Ergebnisse der erdölgeologischen Erforschung Berlin, Nordostdeutschlands. — Z. f. angew. Geol., Bd. 2, S. 9—14, 1956.
KNIEG, N.: Zur Tektonik des westlichen Schlotheimer Grabens (Thüringer Becken) unter besonderer Berücksichtigung der Untertageaufschlüsse des Kaliwerkes Volkenroda-Pöthen. — Abh. Deut. Akad. Wiss. zu Berlin, Klasse für Chemie, Geologie und Biologie, Berlin 1959.
LANGE, W.: Zur Geologie des Fahner Gewölbes (NW-Teil). — Dipl.-Arb. Jena, 1956, unveröffentlicht.
LUNGWITZ, G.: Das Tennstedter Gewölbe. — Dipl.-Arb. Jena, 1956, unveröffentlicht.
SEIDEL, G.: Beitrag zur Kenntnis des südöstl. Fahner Gewölbes und des Steiger-Gewölbes. — Dipl.-Arb. Jena 1956, unveröffentlicht.
STOLLE: Über das Vorkommen von Erdöl u. Erdgas i. Thüringen. (Gutachten). — 1949, unveröffentlicht.
—: Betrachtungen über das Auftreten von Erdöl und Erdgas im Zechstein des Thüringer Beckens. — Geologie Jahrg. 3, H. 6/7, 1954.
Unterlagen und Archivmaterial des VEB Erdöl und Erdgas.

Die Sedimentation im Saaletrog im Bereich des östlichen Harzvorlandes während des Zechsteins 1 und 2

BODO STEINBRECHER, Berlin

1. Vorbemerkungen

Bei der Bearbeitung zahlreicher Kupferschieferbohrungen sind Ergebnisse gewonnen worden, die unsere Kenntnisse über den oberrotliegend-oberpermischen Sedimentationszyklus im Saaletrog im Bereich des östlichen Harzvorlandes ergänzen. Zugleich haben sich für die Ursachen der erzfaziellen Differenzierung im Kupferschiefer neue Deutungsmöglichkeiten ergeben, die von den bisher vertretenen abweichen. In dieser Arbeit werden sie zur Diskussion gestellt.

2. Die Mächtigkeitsverhältnisse des Zechsteinkalkes und der Werraanhydrite

Wie sich aus der Verteilung und dem Verlauf der Isopachen des oberrotliegenden Sandsteinschiefers erkennen läßt (E. SCHRÖDER 1934, S. SCHIEMENZ 1953 und B. STEINBRECHER 1959a), lagen während dieser Zeit die W- und NW-Teile der Mansfelder Mulde unterhalb des Sedimentationsniveaus (Sandsteinschieferbecken E. SCHRÖDERs). Dies änderte sich auch z. Zt. des Weißliegenden nicht grundsätzlich, wenn sich auch eine geringe Ausdehnung des Sedimentationsraumes nach O feststellen läßt, und Weißliegendes auf oberrotliegendes Porphyrkonglomerat übergreift (B. STEINBRECHER 1959a).

Es war zu vermuten, daß sich auch zur Zechsteinkalkzeit der W- und NW-Teil der Mansfeler Mulde in bevorzugter Absenkung befand. Schon G. RICHTER (1941) stellte fest, daß dort die größten Zechsteinkalkmächtigkeiten auftreten. Das damals von G. RICHTER entworfene Bild ist durch viele Bohrungen noch deutlicher geworden. Die Isopachen des Zechsteinkalkes (Abb. 1), die auf Grund von Bohrergebnissen und der Aufschlüsse in den Kupferschiefer-Schächten am Ausgehenden des Randes der Mansfelder Mulde konstruiert wurden, verlaufen erzgebirgisch. Daneben deuten sich herzynische Richtungen an. Deutlich ist, daß die Mächtigkeiten nordwestlich der Linie Eisleben-Friedeburg auf 6—8 m ansteigen und hier stärkere Schwankungen auftreten, wärend sie südöstlich genannter Linie über große Flächen hin gleichmäßig 4—5 m betragen.

Ganz ähnliche Verhältnisse lassen sich in abgeschwächtem Maße auch aus der Verteilung und dem Verlauf der Isopachen der Werra-Anhydrite (Unterer und Oberer Werra-Anhydrit — ohne Werra-Steinsalz — zusammengefaßt) erkennen (Abb. 2). Wiederum finden sich die größten Mächtigkeiten in den westlichen und nordwestlichen Teilen der Mansfelder Mulde, d. h. nordwestlich der Linie Eisleben-Friedeburg. Dort liegen sie über und südöstlich dieser Linie unter 60 m.

3. Die Verbreitung des Sangerhäuser Anhydrits

Die Sonderstellung des Sangerhäuser Anhydrits im deutschen Zechsteinprofil wurde von G. RICHTER

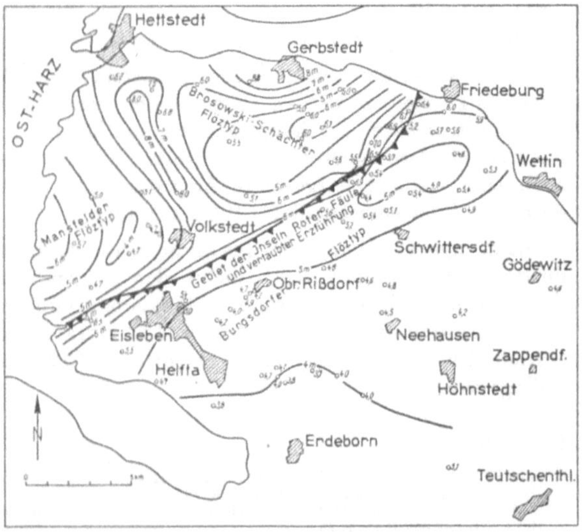

Abb. 1. Mächtigkeitsverhältnisse des Zechsteinkalkes und der Verlauf der NW-Grenze der Verbreitung der Inseln Roter Fäule und vertaubter Erzführung in der Mansfelder Mulde

(1942a) erkannt. Er legte eine Karte über die Verbreitung und die Mächtigkeiten entsprechend dem damaligen Stand der Aufschlüsse vor. Heute kann eine detailliertere Darstellung gegeben werden (Abb. 3). Das Verbreitungsgebiet des Sangerhäuser Anhydrits erstreckt sich in erzgebirgischer Richtung aus der Sangerhäuser Mulde über die Mansfelder bis in die Edderitzer Mulde. Die Isopachen im Ostharzvorland lassen erkennen, daß seine auf kurzen Entfernungen stark wechselnden Mächtigkeiten über bzw. an den herzynisch streichenden präsalinaren Horstaufragungen, am Hornburger Sattel und an der Halle-Hettstedter Gebirgsbrücke, besonders groß sind. In den zentralen Teilen der Mansfelder Mulde fehlt der Sangerhäuser Anhydrit.

4. Deutung der Befunde

Aus den Isopachen des Zechsteinkalkes, der Werra-Anhydrite und des Sangerhäuser Anhydrits im Vergleich zum Sedimentationsraum des oberrotliegenden Sandsteinschiefers und des Weißliegenden ergibt sich, daß der westliche und nordwestliche Teil der Mansfelder

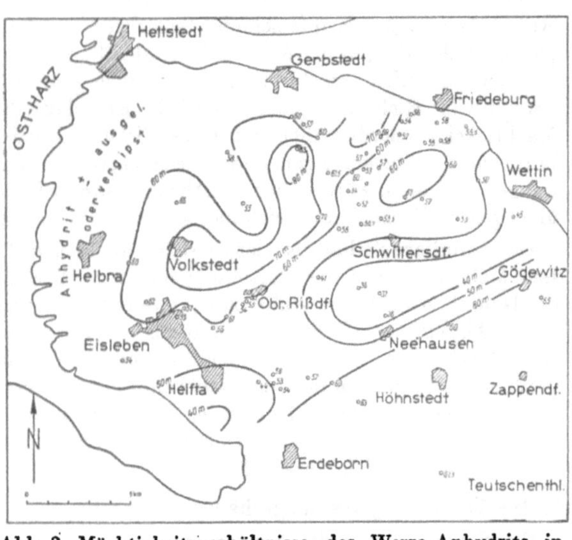

Abb. 2. Mächtigkeitsverhältnisse des Werra-Anhydrits in der Mansfelder Mulde

Mulde dem östlichen und südöstlichen gegenübersteht. Die Grenze zwischen beiden Gebieten ist etwa die Linie Eisleben-Friedeburg. Aus den Mächtigkeitsverhältnissen ist ersichtlich, daß die nordwestlich dieser Linie liegenden Gebiete zur Zeit der Ablagerung des Zechsteinkalkes und der Werra-Anhydrite Räume besonders günstiger Fällungsbedingungen oder erhöhter Senkungsgeschwindigkeiten waren. Allerdings läßt sich allein an Hand der Mächtigkeitsverhältnisse nicht entscheiden, ob die Sedimentation die Senkungsbeträge kompensieren konnte. Es ist wahrscheinlich, daß im W- und NW-Teil der Mansfelder Mulde im Bereich des Sandsteinschiefer-Beckens eine submarine Depression lag, die zumindest noch zur Zechsteinkalkzeit bestand, wie auch G. RICHTER (1941) annahm. Die Auffassung, daß zur Zeit der Werra-Anhydrite nordwestlich der Linie Eisleben-Friedeburg ebenfalls größere Wassertiefen herrschten als in den südöstlich genannter Linie liegenden Gebieten, widerspricht nicht der Annahme, daß die Sulfatfazies salinarer Zyklen an bzw. auf

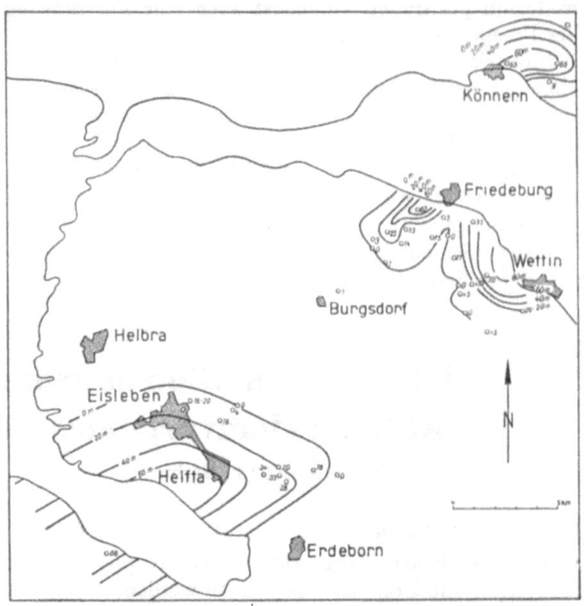

Abb. 3. Verbreitung und Mächtigkeitsverhältnisse des Sangerhäuser Anhydrits in der Mansfelder Mulde

Schwellen oder in der Uferregion die größten Mächtigkeiten zeigt. Die Intensität der Fällung ist nach G. RICHTER (1955) eine Funktion der Wassertiefe, denn diese ist letzthin Ausdruck für die Temperatur und die Lösungskonzentration.

Hinweise über die morphologische Gestaltung des Saaletroges im Zechstein 1 und 2 ergeben sich außer dem Vergleich mit den Sedimentationsräumen des oberen Oberrotliegenden und des Weißliegenden besonders aus den Kenntnissen, die wir über den Sangerhäuser Anhydrit haben.

G. RICHTER (8. 7. 1946) schrieb in einem Brief an E. FULDA: „Nach meiner Definition des ‚Sangerhäuser Anhydrits' ist dieser nun eine fazielle Anschwellung des ‚Gebänderten Anhydrits', also, wenn man so will, ein Teil dessen, was wir gemeiniglich ‚Grauer Salzton' nennen, auf jeden Fall aber etwas Jüngeres als das Decksteinsalz von Flöz Staßfurt usw." Weiter schreibt er in diesem Brief: „Ich würde es, um eine Verwirrung zu vermeiden, begrüßen, wenn die Bezeichnung ‚Sangerhäuser Anhydrit' beschränkt bliebe auf das sulfatische

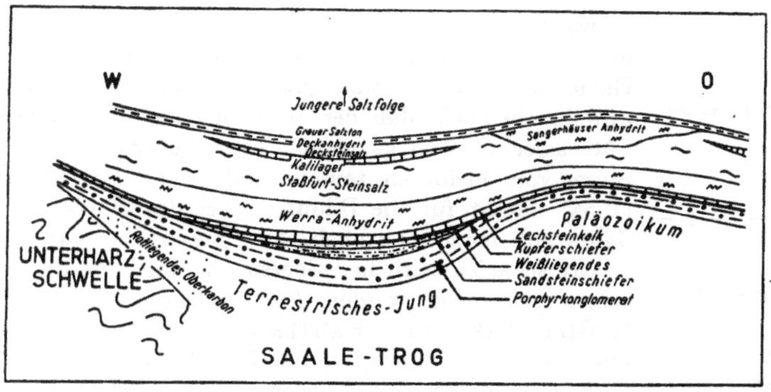

Abb. 4. Idealisiertes Fazies-Profil durch den Saaletrog im Gebiet der Mansfelder Mulde

Sediment zwischen dem Grauen Salzton einerseits und dem Decksteinsalz —

bei dessen Fehlen dem Kaliflöz Staßfurt,
bei dessen Fehlen dem Älteren Steinsalz,
bei dessen Fehlen dem Basalanhydrit —

andererseits.“ E. KAUTZSCH (1954, S. 75) übernahm die Auffassung G. RICHTERs und sah im Sangerhäuser Anhydrit das Äquivalent des Deckanhydrits.

Etwa seit 1954 wurde von einigen im SO-, O- und NO-Harzvorland im Zechstein arbeitenden Geologen vermutet, daß der Sangerhäuser Anhydrit eben nicht nur das Äquivalent des Deckanhydrits, sondern des Decksteinsalzes des Kalilagers Staßfurt und evtl. auch der obersten Teile des Staßfurt-Steinsalzes ist (s. auch E. v. HOYNINGEN-HUENE 1957 und B. STEINBRECHER 1959b). Leider konnte der Beweis hierfür bisher nicht erbracht werden, da im Verbreitungsgebiet des Sangerhäuser Anhydrits das Staßfurt-Steinsalz auf weite Flächen subrodiert ist. Durch besonders günstige Umstände gelang es W. JUNG (1958) wahrscheinlich zu machen, daß der Sangerhäuser Anhydrit die fazielle Vertretung des Kalilagers Staßfurt ist.

Ausgehend von der Tatsache, daß sich die größten Mächtigkeiten des Sangerhäuser Anhydrits in der unmittelbaren Nachbarschaft, ehemals wahrscheinlich auch über den die Mansfelder Mulde im N und SW umrahmenden Horstaufragungen fanden, wurde von G. RICHTER (1942a) gefolgert, daß diese tektonischen Elemente am Ende des Zechstein 2 als submarine Schwellen derart in Erscheinung traten (s. auch H. STILLE 1930 und G. RICHTER 1942b), daß sie die Art der Sedimentation maßgebend beeinflussen konnten. Da der Verbreitungsraum des Sangerhäuser Anhydrits im Ostharzvorland erzgebirgisch streicht, ist zu schließen, daß auch ein erzgebirgisch verlaufender Schwellenzug vorhanden gewesen sein muß. Dort, wo er sich mit herzynischen Hebungsachsen kreuzte, entstanden besonders günstige Fällungsbedingungen. Keinesfalls kann angenommen werden, daß den genannten herzynischen Horstaufragungen im Zechstein 2 Senken entsprochen haben; es waren submarine Hebungsgebiete. Der Sangerhäuser Anhydrit entstand auf einer Schwelle, die sich von Eisleben bis Friedeburg erstreckte. Lediglich in den zentralen Teilen der Mansfelder Mulde, also außerhalb der Kreuzungsbereiche mit herzynischen Schwellen, tauchte die Schwellenachse so weit ab, daß die Voraussetzung für eine Anhydritfällung auf ihr nicht mehr gegeben war.

Damit läßt sich die Tatsache, daß das Staßfurt-Kalilager dem Sangerhäuser Anhydrit äquivalent ist, gut in Übereinstimmung bringen. Es bildete sich synchron in den tieferen Meeresteilen, in die die schweren K-Mg-Laugen abflossen, während auf den submarinen Schwellen die Konzentrationen lediglich eine $CaSO_4$-Ausscheidung ermöglichten. Auffällig ist das engräumige Nebeneinander der K-Mg-Salz- und der $CaSO_4$-Fazies. Dies läßt auf eine beträchtliche Höhendifferenzierung des Reliefs schließen und ist um so bemerkenswerter, als man bisher der Auffassung war, die relativ mächtigen Anhydrit- und Salzserien hätten sehr bald die Reliefunterschiede, die sich vielleicht vom obersten Rotliegenden bis zum Zechsteinkalk noch durchsetzten, ausgeglichen.

Die Konstanz der Entwicklung des Saaletroges wird durch einen schematisierten Profilschnitt (Abb. 4) hervorgehoben. Es ist nun naheliegend zu untersuchen, ob sich in der erzfaziellen Differenzierung des Kupferschiefers ähnliche Unterschiede bemerkbar machen.

5. Die erzfazielle Differenzierung des Kupferschiefers

Erzreicher Kupferschiefer findet sich in großflächiger geschlossener Verbreitung in der Mansfelder Mulde in ihren westlichen und nordwestlichen Teilen, wie schon G. GILLITZER (1936) erkannte, d. h. im Bereich des Sandsteinschiefer-Beckens E. SCHRÖDERs, worauf G. RICHTER (1941) hinwies. Dort sind hinsichtlich der Art der Vererzung des Kupferschiefers zwei Typen zu unterscheiden: Im W ist der „Mansfelder Flözvererzungstyp“ (Abb. 5a) mit Cu-Vormacht und im NW der „Brosowski-Schächter Flözvererzungstyp“ (Abb. 5b), in dem neben Cu nennenswerte Pb-Gehalte vorhanden sind, verbreitet. Der Brosowski-Schächter Vererzungstyp leitet schon zu den offeneren, tieferen Teilen des Kupferschiefermeeres über, die nördlich der Halle-Hettstedter Gebirgsbrücke lagen (B. STEINBRECHER 1959a, c). Östlich und südöstlich vertaubt das Flöz großräumig, vor allem an Cu aber auch an Pb, Zn tritt in den Vordergrund. Diese Art der Vererzung wird als

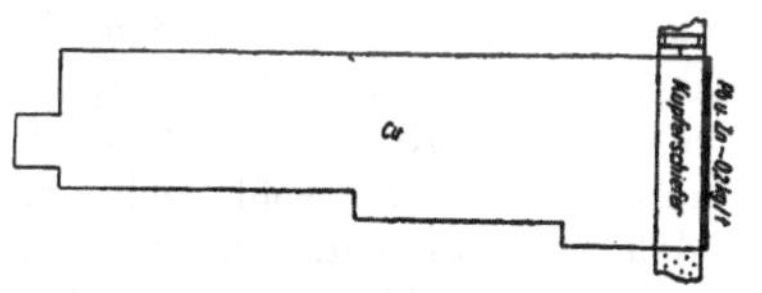

Abb. 5a
Mansfelder Flözvererzungstyp

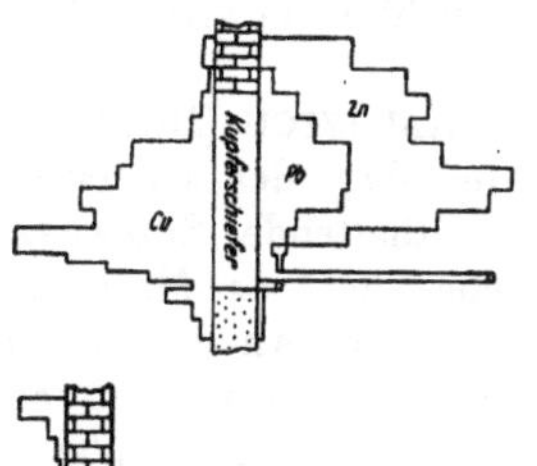

Abb. 5b. Brosowski-Schächter Flözvererzungstyp

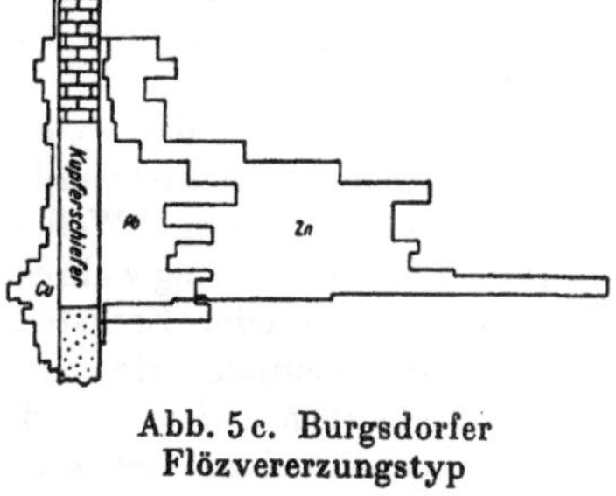

Abb. 5c. Burgsdorfer Flözvererzungstyp

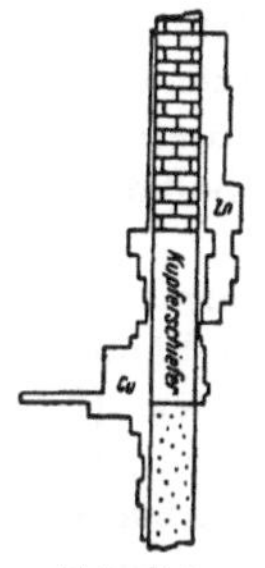

Abb. 5d
Burgsdorfer Flözvererzungstyp

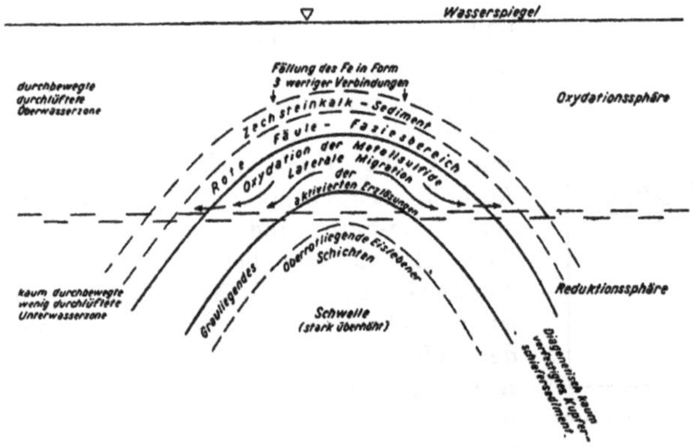

Abb. 6. Sedimentations- und Migrationsschema zur Zechsteinkalkzeit auf einer submarinen Schwelle im Rote-Fäule-Bereich

„Burgsdorfer Flözvererzungstyp" (Abb. 5c und d) den beiden zuvor genannten gegenübergestellt. Dies heißt nun nicht, daß hier Reicherzzonen völlig fehlen. Sie treten jedoch nur engräumig entweder in der Nähe von Rückenzonen auf, oder sind an die unmittelbare Umgebung von Roter Fäule (E. KAUTZSCH 1942) gebunden.

Die Grenze zwischen diesen beiden Räumen, die sich in der Art der Vererzung des Kupferschiefers deutlich unterscheiden, verläuft mit erzgebirgischem Streichen von Eisleben nach Friedeburg. Sie wird noch durch das Auftreten von „Inseln Roter Fäule" (so von E. KAUTZSCH in Metall-, Vorratsrissen und anderen Kartendarstellungen benannt) besonders gekennzeichnet. Hierdurch wird das gegenwärtige Erscheinungsbild der Roten Fäule gut charakterisiert. Die Rote Fäule ist im Gegensatz zur Sangerhäuser Mulde nicht großflächig, sondern zu einzelnen „Inseln" aufgelöst entwickelt.

Es ist auffällig, daß die NW-Grenze der Zone der Verbreitung der Inseln Roter Fäule sich ebenfalls mit der Linie Eisleben—Friedeburg deckt.

In der Abb. 1 ist die NW-Grenze der Roten-Fäule-Fazies eingezeichnet. Ihre Konstruktion erfolgte auf Grund der Untertageaufschlüsse in Verbindung mit den Bohrergebnissen. Es kann nicht erwartet werden, daß sie z. B. zur 6-m-Isopache des Zechsteinkalkes, die durch Interpolation rein konstruktiv entwickelt wurde, genau parallel verläuft; auch darf wohl nicht angenommen werden, daß der Sedimentationsraum hinsichtlich der Senkungsbeträge nicht in gewissem Umfang variabel war.

G. GILLITZER (1936) und E. KAUTZSCH (1942) vermuteten in der Roten Fäule den Weg, den sauerstoffreiche, Buntmetall-Lösungen enthaltende Süßwasser vom Festland (Spessartschwelle) her ins Meer des Unteren Zechsteins genommen haben. An den Seiten wurden die Metall-Lösungen bei der Berührung mit dem reduzierenden H_2S-Medium der stagnierenden Wässer als Sulfide gefällt, und zwar in der Reihenfolge Cu, Pb, Zn.

Gegen die Theorie KAUTZSCHs spricht, daß in den Rote-Fäule-Bereichen keine Hinweise beobachtet werden konnten (Kreuz- oder Diagonalschichtung, Wellenmarken), die auf eine stärkere Wasserbewegung während der Ablagerung des Kupferschiefers oder Zechsteinkalkes schließen lassen. Die stets deutliche Hangendgrenze des Flözes ist immer einheitlich und die für die Mansfelder Mulde gültige Lageneinteilung des grauschwarzen bis schwarzgrauen Kupferschiefers und die des mittel- bis hellgrauen Zechsteinkalkes ist in diesen Gebieten vollständig und gut erkennbar. Es ist auch unwahrscheinlich, daß der Weg, den die postulierten Süßwässer ins Meer genommen haben, über einen Zeitraum von mehreren tausend Jahren (E. KAUTZSCH [1954] nimmt für die Bildungsdauer des Flözes 8500 Jahre an) der gleiche blieb, denn dies müßte aus der relativ scharfen seitlichen Begrenzung der Rote-Fäule-Zonen geschlossen werden. Auch muß die Auffassung G. GILLITZERs und E. KAUTZSCHs, die tiefsten Meeresteile dort anzunehmen, wo die Rote-Fäule-Fazies entwickelt ist, entsprechend den räumlichen Beziehungen, insbesondere zum Sandsteinschiefer-Becken, in Frage gestellt werden.

E. FULDA (1929) vermutete richtig, daß zur Zeit des Kupferschiefers im Bereich der Verbreitung der oberrotliegenden Sandsteinschieferfazies eine submarine Depression lag. Aller Wahrscheinlichkeit nach bestand sie auch noch zur Zeit der Ablagerung des Zechsteinkalkes (G. RICHTER 1941), der Werra-Anhydrite und des Sangerhäuser Anhydrits. Nach dem in den Abschnitten 2—4 Gesagten besteht die Möglichkeit, in der Roten Fäule die Fazies einer submarinen Schwelle zu sehen, die sich südöstlich einer submarinen Depression anschloß und über der, bedingt durch die Wasseroberflächennähe und Wasserdurchbewegung während der Zechsteinkalkzeit, die Fe-Fällung in der roten dreiwertigen Form erfolgte. Diese roten bis rotbraunen Fe-Verbindungen verleihen dem Zechsteinkalk die für die Rote Fäule typische Färbung. Dabei unterlag auch das Kupferschiefersediment, das sich noch im Stadium der Frühdiagenese befand, oxydierenden Einflüssen, die sich im Falle der Bohrung Burgsdorf 31 E bis ins Grauliegende, in dem sekundäre Rotfärbungen auftraten, geltend machen konnten.

Wahrscheinlich waren die Erzkonzentrationen im Kupferschiefer südöstlich primär schon geringer als nordwestlich der Linie Eisleben-Friedeburg. Durch die Einflußnahme der Oxydation auf die syngenetisch gebildeten Metallsulfide erfolgte danach eine Lösungsmigration, derzufolge es zu einer weitgehenden Vertaubung in den Rote-Fäule-Gebieten kam. Die chemischen Prozesse und Umsetzungen, die dabei stattgefunden haben, lassen sich im einzelnen nicht analysieren. Wahrscheinlich entstanden durch die Oxydation Buntmetallsulfat- bzw. -sulfitlösungen, die solange migrierten, bis sie außerhalb der Oxydationssphäre im Sediment bei der Berührung mit dem H_2S-Medium am Rande des betreffenden Rote-Fäule-Gebietes wiederum als Sulfide gefällt wurden. Diese Verhältnisse sind in der Abb. 6 schematisch dargestellt. Hieraus ergibt sich eine Erklärung dafür, daß an den Rändern der Roten Fäule die Vererzung im Kupferschiefer vor allem in den oberen Profilteilen auftritt und z. T. bis in den Zechsteinkalk reicht. Die $\pm$ horizontal verlaufende Grenze zwischen dem oxydierenden und reduzierenden H_2S-Medium schnitt an den Flanken der submarinen Aufragung das Sediment diagonal. Diese Grenze verlagerte sich zur Zechsteinkalkzeit im Zuge der allgemeinen epirogenen Senkung ständig nach oben. Die unteren Profilteile wurden somit ebenfalls laufend der oxydierenden Einflußnahme entzogen, während in den oberen noch eine Fällung der herangeführten Metall-Lösungen an der Grenze Oxydations-Reduktionssphäre erfolgte. Je intensiver die oxydierenden Einflüsse und je größer die betroffenen Areale waren, desto größer waren die in Lösung gegangenen und die an den Rändern konzentrierten Erzmengen. Die Fällung der Metalle erfolgte entsprechend der Affinität zu H_2S in der Reihenfolge Cu, Pb, Zn. Die erzzonare Anordnung an den Rändern der Rote-Fäule-Gebiete läßt die gleiche Reihenfolge erkennen. — Das Kupferschiefersediment besaß im Stadium der Frühdiagenese wie alle schluffig-tonigen Ablagerungen eine weit größere Mächtigkeit als heute, und der Fällungsbereich für die sekundär aktivierten Metall-Lösungen erstreckte sich über eine größere Fläche, als sie heute in der betreffenden Reicherzzone an den Rändern der Roten Fäule auftritt. — Diese engräumige, an die Ränder der Roten Fäule gebundene erzzonare Differenzierung, die ihrer Genese entsprechend als sekundär zu bezeichnen ist, überlagert sich der primären, die nicht mehr zu erkennen ist, sofern man nicht die großräumigen Beziehungen zur Rekonstruktion heranzieht.

6. Zusammenfassung

Aus der Verbreitung des Sandsteinschiefers und des Weißliegenden (B. STEINBRECHER 1959a), den Mächtigkeitsverhältnissen im Zechsteinkalk und der Verbreitung des Sangerhäuser Anhydrits wird in der Mansfelder Mulde auf eine von Eisleben nach Friedeburg verlaufende Schwelle geschlossen, die den Sedimentationsraum während des Zechsteins 1 und 2 in einen nordwestlichen und südöstlichen Raum teilte. Der Schwellenzug hat für die erzfazielle Differenzierung im Kupferschiefer Bedeutung. Die Rote Fäule wird als eine Schwellenfazies gedeutet.

Literatur

FULDA, E.: Zum Problem des Kupferschiefers. — Jb. Preuß. Geol. LA, **49**, S. 995—1002, Berlin 1929.

GILLITZER, G.: Die Geologie der Erzanreicherungen im mitteldeutschen Kupferschiefer. — Jb. Hall. Verb. usw., **15**, S. 9—27, Halle 1936.

HOYNINGEN-HUENE, E. v.: Die Texturen der subsalinaren Anhydrite im östlichen Harzvorland. — Geologie, Beih. **18**, 1957.

JUNG, W.: Zur stratigraphischen Stellung des Sangerhäuser Anhydrits (Zechstein 2). — Z. f. angew. Geol., **4**, H. 8, S. 377—378, Berlin 1958.

KAUTZSCH, E.: Untersuchungsergebnisse über die Metallverteilung im Kupferschiefer. — Arch. f. Lgst.-Forschg., H. 74, 1942.

— Handbuch für den Kupferschieferbergbau. — Leipzig 1954.

RICHTER, G.: Geologische Zweckmäßigkeiten im Metallgehalt des Kupferschiefers. — Arch. f. Lgst.-Forschg., H. 73, Berlin 1941.

— „Sangerhäuser Anhydrit“ — eine Sonderstellung im Zechsteinprofil des Südharzes. — Ber. d. Reichsamtes f. Bodenforschg. S. 77—85, 1942 (1942a).

— Das Überleiten von variscischer zu saxonischer Tektonik im östlichen Thüringer Wald. — Geol. Rdsch., **33**, S. 20—31, Stuttgart 1942 (1942b).

RICHTER-BERNBURG, G.: Über salinare Sedimentation. — Z. d. Dtsch. Geol. Ges., **105**, (1953) S. 593—645, Hannover 1955.

SCHIEMENZ, S.: Schotteranalyse des Porphyrkonglomerates im obersten Rotliegenden des östlichen Harzvorlandes. — Hall. Jb. f. Mitteldtsch. Erdgesch., **2**, 1. Lfg., S. 3—31, Halle 1953.

SCHRÖDER, E.: Sedimentation und Tektonik im Jungpaläozoikum am östlichen Harzrand und in den Nachbargebieten. — Jb. d. Preuß. Geol. LA, **55**, S. 168—197, Berlin 1934.

STEINBRECHER, B.: Saalische Bewegung im O- und NO-Harzvorland und ihre Bedeutung für den oberrotliegenden Sedimentationszyklus. — Z. f. angew. Geol., **5**, H. 2, S. 56—62, Berlin 1959 (1959a).

— Die Subrosion des Zechsteingebirges im östlichen nordöstlichen Harzvorland mit besonderer Berücksichtigung der Edderitzer Mulde. — Geologie, **8**, H. 5, S. 489 — 522, 1959 (1959b).

— Die petro- und erzfazielle Differenzierung der Kupferschieferzone in der Edderitzer Mulde. — Z. angew. Geol. **5**, H. 5, S. 201—204, 1959 (1959c).

STILLE, H.: Das Einsetzen der „saxonischen“ Richtungen im westdeutschen Jungpaläozoikum. — Abh. Preuß. Geol. LA, **116**, S. 38—74, Berlin 1930.

Neue Anschauungen über die Bildung von triassischen Blei-Zinkerzlagerstätten in Oberschlesien

FRANCISZEK EKIERT, Warschau

Das Problem der Genesis der oberschlesischen Blei-Zinkerzlagerstätten, die von der Mitte des 19. Jahrhunderts an von deutschen und polnischen Forschern untersucht wurden, ist bisher nicht endgültig gelöst worden. Dies liegt daran, daß diese Lagerstätten mit ihren für sedimentäre Lagerstätten typischen Merkmalen auch Kennzeichen aufweisen, die für metasomatische, hydrothermale Lagerstätten charakteristisch sind.

Der geologische Aufbau der Lagerstätten

Die Blei-Zinkerzlagerstätten Oberschlesiens, die als die größten Europas gelten, befinden sich im Ostteil des oberschlesischen Erzbeckens in einem Gebiet von etwa 2000 km², von Bytom im Westen bis nach Olkusz im Osten und von Chrzanów und Czerna im Süden bis nach Zawiercie—Siewierz—Miotek (nördlich von Tarnowskie Góry) im Norden. Sie sind an die karbonatische, hauptsächlich dolomitische Serie der Triasablagerungen (Röt und Muschelkalk) gebunden, und zwar insbesondere an die Serie des sogenannten erzführenden Dolomits. Dieser Dolomit entspricht stratigraphisch den Gogoliner, Gorasdzer, Terebratel- und Karchowitzer Schichten, die im Westteil Oberschlesiens in Kalkfazies ausgebildet sind. Die stratigraphische Gliederung der Triasablagerungen Oberschlesiens zeigt Abb. 1.

Die Verteilung der Schwermetalle (Pb und Zn) in den Triasablagerungen ist gewissen Gesetzmäßigkeiten unterworfen:

1. Die Erhöhung des Blei-Zinkgehaltes im Verhältnis zum Durchschnittsgehalt wird durch das ganze Triasprofil hindurch im östlichen Gebiet Oberschlesiens beobachtet. Die Gehalte schwanken von 0,05 bis 2% Zn und 0,01 bis 0,1% Pb. Die maximalen Werte entfallen auf die karbonatischen Sedimente (Kalksteine und Dolomite). In tonigen und mergeligen Sedimenten schrumpft der Schwermetallgehalt zusammen.

2. Im Bereich der tauben, karbonatischen Sedimente der mittleren und der unteren Trias, die aus Kalk- und Dolomitschichten bestehen, sind die geringen Mengen von Blei- und Zinkerzen in den Kalkeinlagerungen 1,5 bis 2mal höher als in den Dolomiteinlagerungen (Abb. 4).

3. Die Erzkonzentrationen treten hauptsächlich innerhalb der Depressionszonen des Triassedimentationsbeckens, die sich in Richtung WNW—ESE erstrecken, auf (Abb. 3). Innerhalb dieser Zonen wird auch eine Erhöhung des Blei-Zinkgehaltes im dispersen Zustand beobachtet. Einige dieser Zonen wurden infolge der tertiären Bewegungen zu muldenartigen Formen umgewandelt (Bytomer Grabenmulde, Jaworzno-Chrzanów-Mulde, Bolesław-Mulde, Olkusz-Mulde). In diesen Depressionsgebieten finden sich die Lagerstätten hauptsächlich innerhalb der Dolomite oder der Kalkdolomite, die als „erzführender Dolomit“ bezeichnet werden. Dieser Dolomit ist kristallin ausgebildet, hat eine graue bzw. dunkelgraue Farbe und enthält Beimengungen von

toniger Substanz, manchmal mit Anhäufungen von Bitumina.

4. Die größten Konzentrationen von Blei-Zinkerzen kommen vor:

a) in den Kontaktgebieten der Kalk- und Dolomitserie sowohl im Aufriß als auch im Grundriß;
b) in der Nähe der Dislokationszonen mit WNW—ESE-Streichen, insbesondere in tektonischen Gräben;
c) in unmittelbarer Umgebung undurchlässiger Schichten.

5. Die Erzkörper zeigen Lagen, Nest- bzw. Linsenform. Die Erzlagen treten in den Gebieten mit schwach ausgeprägter Bruchtektonik auf. Die erzführende Serie ist hier an die untersten Horizonte des erzführenden Dolomits, die den oberen Horizonten des unteren Muschelkalks entsprechen, gebunden. Im Liegenden des erzführenden Dolomits tritt eine Schicht von Vitriolletten mit wechselnder Mächtigkeit (von einigen Zentimetern bis zu 1 m) auf und bildet die Grenze gegen die liegenden Kalke.

In den Gebieten mit intensiver disjunktiver Tektonik bilden die Erzkörper Linsen und Nester. Die Vererzung umfaßt in diesem Fall das Profil der karbonatischen Serie des Röts sowie den ganzen unteren und mittleren Muschelkalk. Die Erzkörper von einer Fläche bis zu 1 km² weisen die Form sich WNW—ESE erstreckender Linsen und Nester auf. Ihre Mächtigkeit und ihr Blei-Zinkgehalt sind wechselnd.

Das Erz enthält Zinkblende, kleine Mengen von Wurtzit, Bleiglanz, Pyrit und Markasit; außerdem kommen gelegentlich zusammen mit Bleiglanz Jordanit und Meneghinit vor. Auf den Ausbissen und in den oberflächennahen Zonen, über dem Grundwasserspiegel,

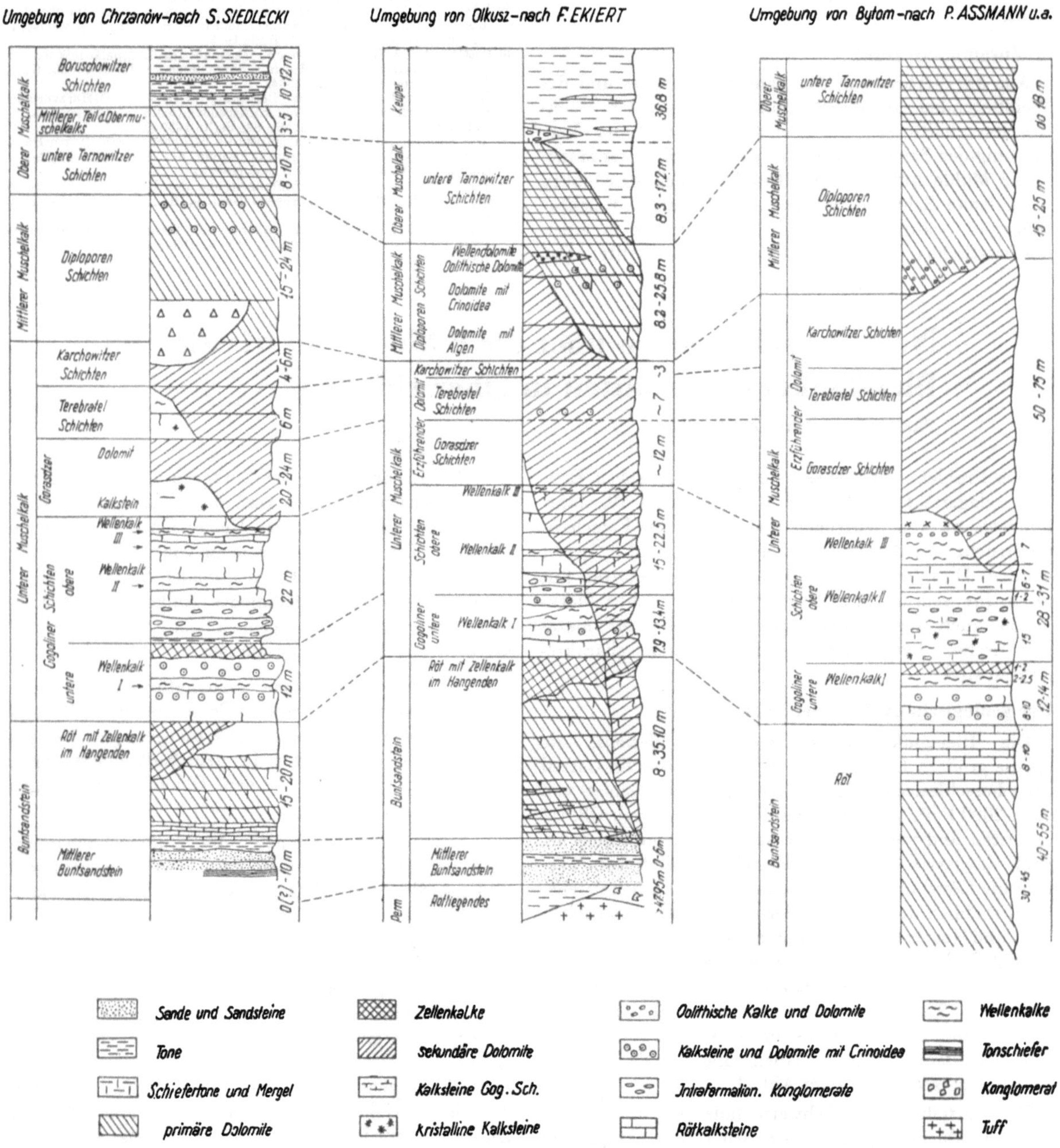

Abb. 1. Stratigraphische Gliederung der Triasablagerungen Oberschlesiens

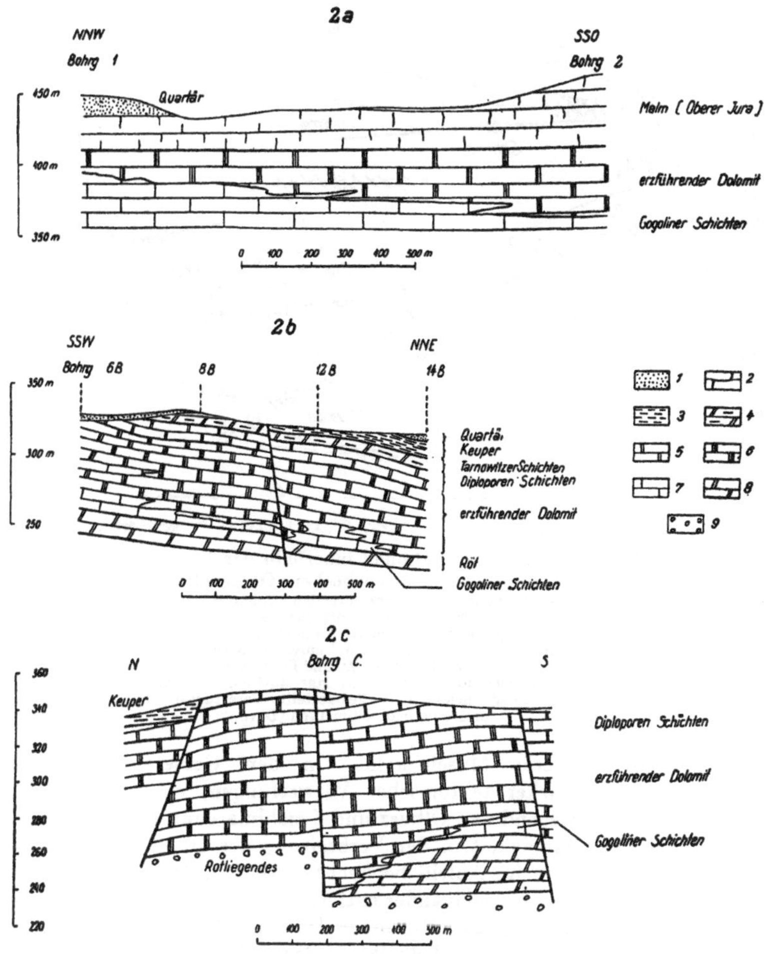

Abb. 2. Die Veränderlichkeit der Verbreitung des erzführenden Dolomits nach der Teufe
1 — Quartär, 2 — Malm, 3 — Keuper, 4 — Tarnowitzer Schichten, 5 — Diploporen-Schichten, 6 — erzführender Dolomit, 7 — Gogoliner Schichten, 8 — Röt, 9 — Rotliegendes

wurden die Sulfide oxydiert und bildeten Lagerstätten von Galmei, Brauneisen sowie Bleiglanz mit großen Beimengungen von Cerussit.

Die sulfidische Erzmineralisation tritt als Imprägnation der Nebengesteine, Ausfüllung der Hohlräume, der Klüfte und der Schichtenfugen sowie in den in Brekzien übergehenden Zertrümmerungszonen auf.

Die Zink- und Eisensulfide imprägnieren den Dolomit in Form von 5 mm Durchmesser nicht überschreitenden Körnern und finden sich innerhalb der idiomorph ausgebildeten Dolomitkörner. Größere Aggregate von Blei-, Zink- und Eisensulfiden stecken inmitten der Körner und füllen die Kleinklüfte und Poren im karbonatischen Gestein aus. Die Anzahl der Kornaggregate sowie ihre Größe wechseln. In den Aggregaten der Sphaleritkörner wurde eine gleiche proportionale Abhängigkeit in der Größe der Zinkblendekörner mit der der Dolomitkörner festgestellt. Die unmittelbar an den Zinkblendenanhäufungen liegenden Dolomitkörner sind oft größer als die weiter ab gelegenen. Größere Anhäufungen von Sphalerit sind oft abwechselnd aus amorpher und kristalliner Varietät aufgebaut und zeigen schalenförmige Struktur. Mit dem Mikroskop im durchfallenden Lichte betrachtet, ist die kolloidale Abart dunkler als die körnig-kristalline. In der körnigen Abart enthalten die Kristalle eine Beimengung von Karbonatstaub submikroskopischer Größe. Dies ist bei gekreuzten Nicols genau sichtbar, indem manche Sphaleritkörner, die teilweise die Dolomitkörner verdrängen, gemeinsam mit dem übrigen Teil des Dolomits Anisotropie aufweisen. Kleinere Anhäufungen von Sphalerit und Eisensulfiden treten oft zwischen den Körnern bzw. in kleinen Poren auf. Der in kristalliner Form vorkommende Bleiglanz bildet in den Sphaleritanhäufungen lineare bzw. irreguläre Ansammlungen.

Breite freie Schichtenfugen, Hohlräume und größere Klüfte sind mit kolloidalen Zink- und Eisensulfiden und Anhäufungen von kristallinem Bleiglanz ausgefüllt. Es treten hier auch Erdblende und Kolloidalblende auf, die gemeinsam mit Wurtzit, Pyrit, Markasit und kristallinem Bleiglanz nierige, geschichtete und lineare Strukturen bilden. Die Zonen intensiver Spaltenbildung in der Nähe der Dislokationen, die oft in aus fein zertrümmertem Dolomit bestehende Brekzie übergehen, sind mit kristallinem Sphalerit, Pyrit und Bleiglanz ausgefüllt. Der Dolomit ist häufig erzfrei, manchmal weist er schwache Sphaleritimprägnationen auf. Es treten hier Gang- und Brekzienstrukturen auf.

Die in den Lagerstätten beobachtete Mineralsukzession ist sehr unbeständig. Nach F. WERNICKE (1931) ist sie im Gebiet der Bytomer Grabenmulde wie folgt: Erdblende, sekundär kristallisierte Blende, Wurtzit — Blende II, Bleiglanz I, Markasit I, Markasit II, arsenhaltiger Markasit + Pyrit, kristalliner Pyrit, Generation ZnS, PbS, Bleiglanz II.

Es muß darauf hingewiesen werden, daß man innerhalb einer Lagerstätte einige sich voneinander unterscheidende Vererzungsabfolgen beobachten kann. Es ist besonders bemerkenswert, daß die Mineralsukzession kolloidaler Strukturen sich deutlich von der Sukzession kristalliner Strukturen unterscheidet.

Alle obenerwähnten Tatsachen werden von den verschiedenen Forschern verschieden ausgewertet und gedeutet. Dies führte zur Bildung von drei Hauptanschauungen über die Genesis der Blei-Zinkerzlagerstätten in Oberschlesien:

1. hydrothermale Herkunft,
2. infiltrative Herkunft,
3. sedimentäre Herkunft.

Die Anhänger der hydrothermalen Herkunft der Lagerstätten waren im 19. Jahrhundert: P. KOSMANN (1883), F. POŠEPNY (1893) u. a. Im 20. Jahrhundert lieferten die Untersuchungen der deutschen Forscher wie P. KRUSCH (1929), H. SCHNEIDERHÖHN (1941), F. WERNICKE (1931) sowie die der polnischen Geologen K. BOHDANOWICZ (1910), C. KUŹNIAR (1932) und R. KRAJEWSKI (1957) viele neue Tatsachen, die die hydrothermale Theorie der Entstehung der Lagerstätten unterstützten. Alle diese Forscher vertraten die Ansicht, daß die Blei-Zinkerzlagerstätten hydrothermale metasomatische Lagerstätten seien, die bei niedrigen Temperaturen und unter geringem Druck gebildet wurden. Die Vererzung hielten sie für gleichaltrig mit altkimmerischen Bewegungen. H. SCHNEIDERHÖHN (1952) hat letztens diese Lagerstätten zu den regenerierten, während der alpidischen Orogenese gebildeten Lagerstätten gezählt. In diesem Zeitraum mobilisierten nach SCHNEIDERHÖHN aus tieferen Zonen der Erdrinde stammende Lösungen die varistischen Erzlagerstätten und brachten die Metallverbindungen in höhere Stockwerke, wo sie in den karbonatischen Gesteinen der Trias ihre erneute Konzentration finden konnten.

Die Anhänger der infiltrativen genetischen Auffassung, nach der die im Gestein primär zerstreuten Blei-Zinkverbindungen sekundär konzentriert worden seien, waren hauptsächlich R. ALTHANS (1933), R. STAPPENBECK (1928) und P. ASSMANN (1948).

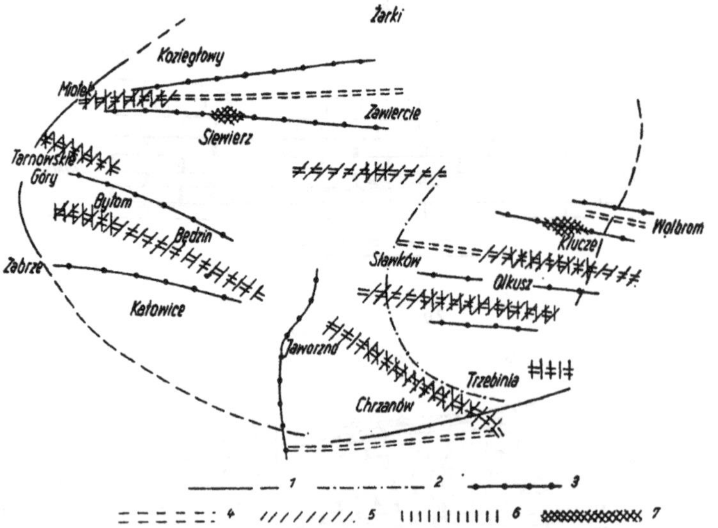

Abb. 3. Die Erzkonzentrationen innerhalb der Depressionszonen des Triassedimentationsbeckens Oberschlesiens

1 – Westgrenze der Verbreitung des erzführenden Dolomits mit nichtdolomitisierten Gogoliner-Schichten im Liegenden; 2 – Westgrenze der Verbreitung des den ganzen unteren Muschelkalk umfassenden erzführenden Dolomits; 3 – Achsen der vortriassischen Erhebungen; 4 – Achsen der vortriassischen Depressionen (Absenkungen); 5 – Bisher untersuchte Gebiete mit erhöhtem Gehalt von Zn und Pb im dispersen Zustand in den Triasablagerungen; 6 – Gebiete mit festgestellten lagerstättlichen Konzentrationen von Zn und Pb in den Triasablagerungen; 7 – Festgestellte Vererzungserscheinungen in den paläozoischen Sedimenten (Devon)

Die Ansicht der sedimentären Genese der Blei-Zinkerzlagerstätten in Oberschlesien war vor allem in den Werken K. KEILs (1956) vertreten. Von den polnischen Geologen vertritt diese Auffassung H. GRUSZCZYK (1956). Nach dieser Auffassung setzten sich zusammen mit dem tauben Gestein die Blei-Zinkverbindungen ab. Diese Metalle sollten nach R. STAPPENBECK, K. KEIL und anderen aus den in den Sudeten und Präkarpaten befindlichen Lagerstätten, die in dieser Zeit zerstört und deren Mineralien zum Triassedimentationsbecken transportiert wurden, stammen.

Mit dem Problem der Genese der Blei-Zinkerze ist auch das Problem der Herkunft des erzführenden Dolomits, an den diese Lagerstätten gebunden sind, verknüpft. Da der genetische Zusammenhang der Dolomitisierung mit der Vererzung zweifellos vorhanden ist, stellen die Erforscher dieser Lagerstätten den Auffassungen über die Entstehung der Blei-Zinkerzlagerstätten, d. h. der hydrothermalen, infiltrativen und sedimentären, entsprechende ähnliche Theorien bezüglich der Entstehung der erzführenden Dolomite gegenüber. Die Nichtübereinstimmung in den Anschauungen über die Entstehung des erzführenden Dolomits rührt daher, daß die lithologische Ausbildung desselben sich von der der Dolomite des Röts, des unteren und des mittleren Muschelkalks unterscheidet. Die charakteristischen Merkmale des erzführenden Dolomits sind: regionale Verbreitung, kristalline Ausbildung, graue bzw. dunkelgraue Färbung, geringe Bankung — insbesondere innerhalb der Lagerstätte —, sehr geringe, häufig umkristallisierte Faunenreste. Das Liegende des erzführenden Dolomits ist an das Auftreten der undurchlässigen Schichten der Vitriolletten (in der Bytomer Grabenmulde) sowie der Mergelkalke und Mergel (in der Gegend von Olkusz gebunden (F. EKIERT). Die Verbreitung des Dolomits nach der Teufe zu ist veränderlich und erreicht verschiedene stratigraphische Glieder der Sedimente des unteren Muschelkalks und des Röts (Abb. 2c). Sie ist vor allem eine Folge der Tektonik des Gebietes und des chemischen petrographischen Charakters der hangenden Schichten des mittleren und des oberen Muschelkalks. In den Gebieten besonders starker tektonischer Verwerfungen, wie z. B. in der Gegend von Olkusz und Trzebinia kann eine große Abhängigkeit in der Verbreitung des erzführenden Dolomits im Aufriß beobachtet werden. In einer der zwei 900 m voneinander entfernten Bohrungen im Raum von Blesław umfaßt dieser Dolomit das ganze Profil des unteren Muschelkalks, in der anderen Bohrung aber nur sein oberes Glied, d. h. die oberen Zonen der Gorasdzer Schichten, die Terebratel- und Karchowitzer Schichten (Abb. 2b).

Der Zusammenhang zwischen der Verbreitung des erzführenden Dolomits mit dem chemischen und petrographischen Charakter der hangenden Sedimente wird auch im Westteil des erzführenden Gebiets bei Kalety — nördlich von Tarnowskie Góry — beobachtet. Die Mächtigkeit des erzführenden Dolomits schrumpft auf 6 km Ausdehnung allmählich von 50 m im Osten bis 0 m im Westen zusammen. Gleichzeitig nimmt der Gehalt von MgO in den überlagernden Dolomiten des mittleren Muschelkalks, die allmählich in die dolomitischen Kalke und Kalke übergehen, ab.

Das Alter der Dolomitisierung und der Vererzung

Die geologischen Unterlagen, die die große Zeitspanne, die für die Dolomitisierung und Vererzung angenommen wird und vom Muschelkalk bis zum Neogen reicht, einengen lassen, sind folgende:

1. In den Bohrprofilen 3 km östlich von Olkusz wurde der erzführende Dolomit mit deutlichen Anzeichen mechanischer Abtragung von etwa 50% der ursprünglichen Mächtigkeit sowie chemischer Verwitterung mit dem Auftreten von Hohlräumen mit braun-roter Färbung des Dolomits festgestellt (Abb. 2a). Die Verwitterungsvorgänge fanden vor der jurassischen Transgression statt.

2. In den Callovienkonglomeraten in der Umgebung von Olkusz (Parcze) wurden durch W. PETRASCHECK (1918) Zinkblendebrocken festgestellt.

3. In einem Aufschluß bei Bolesław wurde im Liegenden der bunten Keupertone ein Geröll aus der karbonatischen Serie des unteren Muschelkalks in einem Konglomerat ermittelt. Das Geröll setzt sich wie folgt zusammen: CaO — 33,09%, MgO — 16,44%, CO_2 — 44,92%, SiO_2 — 1,30%, Zn — 1,01%, Pb — 0,25%, Fe — 1,77%, Al_2O_3 — 0,56%. Es wird dem Kalkdolomit zugerechnet werden müssen. Besonders bemerkenswert ist sein großer Blei-Zinkgehalt.

Die obenangeführten Tatsachen lassen das Alter sowohl der Dolomitisierung als auch der Vererzung wesentlich einengen und beschränken es auf den Zeitraum vor dem Malm (Punkt 1), vor dem Dogger (Punkt 2) und — bei Berücksichtigung des Punktes 3 — sogar auf den Zeitraum vor dem oberen Keuper.

Beurteilung der bisherigen genetischen Anschauungen

Da die vorgebrachten Tatsachen der Theorie der hydrothermalen Herkunft der Lagerstätten, sie nach ihrer Entstehung an die altkimmerischen Bewegungen zu binden, widersprechen, muß diese Auffassung abgelehnt werden. Auch die sedimentäre Genese stößt auf ernste Schwierigkeiten. Diese liegen hauptsächlich darin, daß es uns nicht möglich ist, die Quelle der riesigen, in den Triasablagerungen dieses Gebietes enthaltenen Metallmengen nachzuweisen. Diese Menge beträgt Hunderte von Millionen Tonnen Metall. Schwer zu erklären ist auch das Auftreten des erheblich höheren Blei- und Zinkgehaltes nur im Ostteil des Sedimentationsbeckens der mittleren Trias bei fast völligem Mangel im Westteil des Beckens (Raum von Opole).

Die Klärung der Genese der oberschlesischen Lagerstätten nach den infiltrativen genetischen Auffassungen R. STAPPENBECKs und P. ASSMANNs erwies sich ebenfalls als mangelhaft. Nach R. STAPPENBECK entstand die Konzentration der Erzmineralien infolge der Kalkverwitterung, bei der die Metallsulfate nach der Teufe umgelagert und zu Sulfiden reduziert wurden. Gleichzeitig mit diesem Prozeß soll die Dolomitisierung der Kalksteine vor sich gegangen sein. Als Alter der Entstehung der Lagerstätten und des erzführenden Dolomits wird von R. STAPPENBECK der Räth angenommen. Bei diesem Gedankengang ist — unter Berücksichtigung der begrenzten Möglichkeit des Austausches der Tiefenwässer — die Anwesenheit der Lagerstätten und des erzführenden Dolomits unter den undurchlässigen Keuperablagerungen nördlich und nordöstlich von den Ausstrichen des Muschelkalks nur schwer zu erklären. Auch die Infiltrationskonzeption von P. ASSMANN, die die Möglichkeit des Auftretens der Erzlagerstätten und des erzführenden Dolomits in den Triassedimenten mit jurassischen Bildungen im Deckgebirge ablehnt, ist im Lichte der heutigen Kenntnis der Geologie der Lagerstätten Oberschlesiens unannehmbar.

Die extrusiv hydrothermale genetische Auffassung

Das Gebiet von Oberschlesien befand sich während der Trias zwischen zwei stark denudierten Sockeln varistischer Orogene, und zwar zwischen dem Święto-Krzyż-(Heiligkreuz-)Gebirge im Norden und dem der Präkarpaten und der Sudeten im Süden. Die geographische Lage bewirkte, daß der Ostteil Oberschlesiens in der Trias zu den besonders geschwächten Gebieten ge-

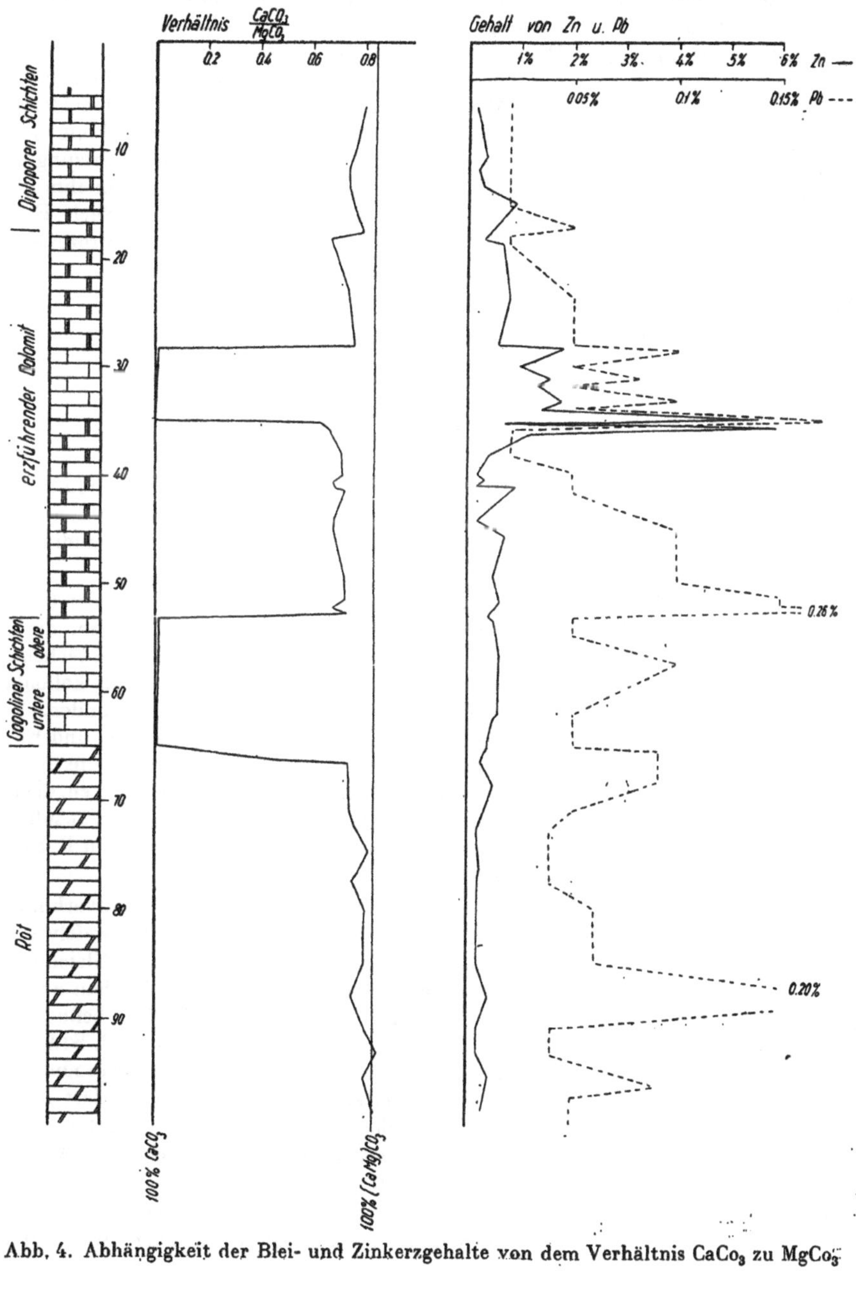

Abb. 4. Abhängigkeit der Blei- und Zinkerzgehalte von dem Verhältnis $CaCO_3$ zu $MgCO_3$

hörte, in denen sogar unbedeutende epirogenetische Bewegungen stattfanden. Diese Bewegungen führten zur Transgression des Triasmeeres. Das Auftreten dieser Bewegungen auch in späteren Zeiträumen bezeugen Konglomerate, Wellenstrukturen sowie schnelle Übergänge von tonigen zu karbonatischen Ablagerungen. Diese Erscheinungen wurden sowohl in den Triassedimenten als auch im ganzen Aufriß des Muschelkalks beobachtet. Infolge dieser Bewegungen erneuerten sich die herzynischen Dislokationen, die in weiterer Folge die Zufuhrkanäle für die blei- und zinkführenden hydrothermalen Lösungen bildeten, die auf diese Weise in die oberen Zonen der Erdrinde gelangten.

In den karbonatischen Ablagerungen des älteren Untergrundes wurde ein Teil der Metalle ausgefällt, wodurch kleine, aber sehr reiche Erzanhäufungen — hauptsächlich von Zinkblende — in den Devondolomiten und -kalken entstanden. Dies konnte kürzlich in der Umgebung von Klucze und Siewierz festgestellt werden. Die Mehrzahl der Blei-Zinkverbindungen gelangte in das Sedimentationsbecken und wurde dort zerstreut.

Das Triasmeer bildete im oberschlesischen Raum eine Bucht, deren Boden bei Beginn der Transgression sehr uneben war. Es kamen hier schwach ausgeprägte, aber deutlich erkennbare horizontale Depressionszonen vor, die durch geringe Erhebungen der benachbarten varistischen Strukturen getrennt wurden. Es gehören zu ihnen die parallelen Absenkungszonen der jetzigen Mulden von Jaworzno, Chrzanów, Trzebinia, die der Bytom-Mulde, die gegen Norden in die Absenkung von Bolesław und Olkusz übergeht, die Depressionen im Raum von Tarnowskie Góry, Miotek, Siewierz, Zawiercie und andere. Innerhalb dieser Depressionen des Triasmeeres gab es in bodennahen Zonen einen Mangel an Sauerstoff. Im Medium des sich absetzenden Kalkschlamms bestanden sogar reduzierende Verhältnisse. Unter diesen Bedingungen wurden bei der Sedimentation des tauben Gesteins die mit den hydrothermalen Lösungen in das Sammelbecken gelangenden Schwermetallverbindungen ausgefällt. Der Niederschlag erfolgte im Schlamm-Medium, in welchem bei der Verwesung der abgestorbenen Fauna die Kohlenwasserstoffe und der Schwefelwasserstoff abgeschieden wurden. Der dabei stattgefundene Vorgang kann nach N. W. TAGEJEWA durch folgende chemische Gleichungen (1951) dargestellt werden:

$$\begin{aligned} &CaSO_4 + CH_4 \\ &\rightarrow CaS + CO_2 + 2\,H_2O \end{aligned} \tag{1}$$

$$\begin{aligned} &CaS + 2\,CO_2 + 2\,H_2O \\ &\rightarrow H_2S + Ca(HCO_2) \end{aligned} \tag{2}$$

$$\begin{aligned} &Ca(HCO_3)_2 \\ &\rightarrow CaCO_3 + CO_2 + H_2O \end{aligned} \tag{3}$$

Da die für den Niederschlag günstigsten Verhältnisse in den zentralen Depressionszonen des Meeresbodens von WNW—ESE bestanden, so wurden auch in solchen Zonen die reichsten Anhäufungen von Schwermetallen, die in den Triasablagerungen bekannt sind, gebildet (Abb. 3). Die Ausfällung der Metallsulfide fand in kolloidaler Form statt. Das bezeugen die kolloidalen Strukturen der von den Dolomitkörnern eingeschlossenen Sphalerit- und Eisensulfidkörner.

Dies war die erste Vererzungsetappe, die eine Erhöhung des Schwermetallgehaltes bis zu 2% Zn und 0,1% Pb im ganzen Profil der karbonatischen Triasablagerungen zur Folge hatte. Die Konzentration des nutzbaren Minerals bis zu wirtschaftlicher Bedeutung in verschiedenen stratigraphischen Horizonten war an eine weitere Etappe gebunden, und zwar an die der Bildung des epigenetischen erzführenden Dolomits.

Die obenangeführten Merkmale des erzführenden Dolomits sowie seine regionale Verbreitung begründen die Annahme der infiltrativen genetischen Auffassung. Das eindringende magnesiumreiche Meereswasser bildete die Lösung, die die kalkigen Ablagerungen des unteren Muschelkalks dolomitisierte. Dieser Prozeß begann Anfang des mittleren Muschelkalks und dauerte bis zum Keuper. Er war dem der Dolomitisierung der Kreidekalke im Pariser Becken analog (s. P. NIGGLI 1952) und im gewissen Grade dem Dolomitisierungsprozeß der Korallenriffe ähnlich. Die chemischen Prozesse, die zur Umwandlung der Kalke in Dolomite führten, können wie folgt beschrieben werden: Während der im seichten Meer stattfindenden Dolomitisierung reagierte eine erhebliche Konzentration an Magnesiumionen und, eine gewisse Menge von freiem Sauerstoff aufweisendem Meereswasser mit den Kalkablagerungen. In Auswirkung dieser Reaktionen erfolgte die kurz dauernde Zersetzung des Kalkkarbonats sowie die Oxydierung des in ihm enthaltenen Pyrits zu $FeSO_4$ und H_2SO_4. Nach F. W. SKEATS (s. A. GAWEŁ 1948) verliefen diese Prozesse gemäß den Gleichungen:

$$\begin{aligned} &FeSO_4 + H_2SO_4 + 2CaCO_3 + 2\,H_2O \\ &\rightarrow 2\,CaSO_4 + Fe(OH_2) + 2\,H_2O + 2\,CO_2 \end{aligned} \tag{4}$$

sowie

$$\begin{aligned} &CaSO_4 + MgSO_4 + 2\,Fe(OH)_2 + 2\,H_2CO_3 \\ &\rightarrow CaMg(CO_3)_2 + 2\,FeSO_4 + 4\,H_2O \end{aligned} \tag{5}$$

Die Wasserlösungen, die Eisen- und Magnesiumsulfate enthielten, diffundierten allmählich in tiefere Zonen der Kalkbildungen und bewirkten ihre Umwandlung in Dolomite.

An den Vorgang der Dolomitisierung war der Prozeß der Migration der Schwermetallverbindungen, die im Falle des Zinks als Sulfate und bei entsprechender Konzentrierung des Schwefelwasserstoffs als kolloidale Sulfidverbindungen in Lösung gingen, gebunden. Von der Möglichkeit der Migration von Zink, Blei und Eisen in der Form der Sulfide zeugen zahlreiche uns in den oberschlesischen Gruben begegnende Stalaktiten, die aus konzentrisch liegenden Eisen-, Blei- und Zinksulfiden aufgebaut sind. Diese Stalaktiten wurden von R. STAPPENBECK (1928) beschrieben.

Die Herkunft des zur Migration der Sulfidverbindungen von Zn, Pb, Fe unentbehrlichen Schwefelwasserstoffs war verschieden. Sie kann mit den Gleichungen (1) und (2) erklärt werden, wobei das Methan aus den in der Serie des dolomitisierten Kalkes befindlichen Bitumina stammte, oder aber — nach R. STAPPENBECK — aus dem Karbon als Vergasungsprodukt der Kohle einwanderte. Diese Auffassung erklärt im gewissen Grade das Vorkommen der reichsten Lagerstätten im Gebiet des produktiven Karbons sowie in seiner nächsten Umgebung.

Außerdem gab es durch die Anwesenheit von $FeSO_4$ die Möglichkeit zu anderen Reaktionen, wodurch die

Ausscheidung der Sulfate von Zn und Pb aus der Lösung nach der Gleichung erfolgen dürfte:

$$4FeSO_4 + 2H_2SO_4 + O_2 = 2Fe_2(SO_4)_3 + 2H_2O. \quad (6)$$

In Auswirkung dieses Sulfats auf den im dolomitisierten Gestein auftretenden Pyrit entstand freier Schwefel, von dem in statu nascendi die freien Sulfide nach folgendem Schema ausgefällt wurden:

$$FeS_2 + Fe_2(SO_4)_3 = 3FeSO_4 + 2S \quad (7)$$

$$S + 2PbCl_2 \rightarrow 2PbS + 2Cl_2 \quad (8)$$

$$2S + 2ZnCl_2 \rightarrow 2ZnS + 2Cl_2 \quad (9)$$

Die Reihenfolge der Ausfällung der Erzmineralien war von vielen Faktoren abhängig, und zwar von der Konzentration der Ionen in der Lösung, p_H und E_h des Mediums, Druck, Reaktionsfähigkeit einzelner Verbindungen mit dem Nebengestein usw. Da die Ausfällung von ZnS und PbS nach R. M. GARRELS (1954) nach p_H- und E_h-Bereichen erfolgt, so entscheiden über die Ausfällungsfolge andere Faktoren.

Unter Berücksichtigung der Wasserlöslichkeit der in der Lagerstätte auftretenden Sulfide einerseits sowie der minimalen Konzentrierung der S^{2-}-Ionen, die für ihre Ausfällung aus der Lösung nötig ist, andererseits, erweist es sich — nach O. WEIGEL — (s. S. S. SMIRNOW 1955), daß Pyrit am meisten löslich ist, dann Wurtzit, Sphalerit und Bleiglanzfolge. Damit sich aus der Lösung die Sulfide von Zn, Pb und Fe ausscheiden könnten, müßte nach B. O. D'ANS-LAX die Konzentration der S^{2-}-Ionen für FeS $4 \cdot 10^{-13}$, für ZnS $9 \cdot 10^{-21}$ und für PbS $2 \cdot 10^{-22}$ (siehe LIETZ, 1951) betragen. Bei Berücksichtigung obiger Eigenschaften der Sulfide dürfte ihre Ausfällung aus der Lösung in folgender Reihenfolge vor sich gehen:

Bleiglanz—Sphalerit—Wurtzit—Pyrit und Markasit.

Dort, wo die Konzentration von Zink a priori über Blei vorherrschte, wird die Zinkblende als ältester Absatz beobachtet und erst später die aus den physikalischen Eigenschaften der Sulfide hervorgehende Nachfolge:

Bleiglanz—Zinkblende—Pyrit und Markasit.

Im Ostteil des Erzbeckens, in dem keine Erdblende in der Lagerstätte vorkommt, ist die Erzmineralabfolge: Bleiglanz—Zinkblende—Pyrit ganz deutlich.

Dieser Prozeß, der mit der Bildung des erzführenden Dolomits eng zusammenhängt, führt zur Entstehung von lagerstättlichen Konzentrationen der Erzmineralien. Da die Migration der Blei-Zinkverbindungen hauptsächlich im kolloidalen Zustand erfolgte, weisen die in Auswirkung dieses Prozesses gebildeten Erzmineralien kolloidale, konzentrische, gebänderte und schalige Strukturen auf. Die maximale Vererzung fand an den Stellen statt, an denen der Dolomitisierungsvorgang im Abklingen war, d. h. in den Randgebieten der horizontalen Verbreitung des erzführenden Dolomits sowie in seinem Liegenden. Solche Auffassung der Genesis erklärt den engen Zusammenhang zwischen dem Vererzungsprozeß und dem Dolomitisierungsprozeß der Triasablagerungen sowie die Verarmung der tauben Dolomite an zerstreutem Blei und Zink im Vergleich zu den von diesem Prozeß nicht berührten Kalkeinlagen.

Die zweite, spätere Etappe der Konzentrierung zur nutzbaren Lagerstätte (A. REIMERS, 1941) war an die Umlagerung der zerstreuten Blei-, Zink- und Eisensulfide aus den karbonatischen Gesteinen gebunden sowie an die Auslaugung der kolloidalen Lagerstätten und die erneute Ausfällung der Sulfide in freien Räumen, Klüften, Kavernen bzw. in der Dislokationszonenbrekzie. Die Migration der Sulfide war nach den freien Räumen gerichtet, wo sie hauptsächlich infolge der Druckveränderungen ausgefällt wurden. Da die Löslichkeit der Sulfide im Wasser schwach und dadurch ihre Konzentration in Lösungen unbedeutend ist, ging die Kristallisation der Sulfide nur langsam vonstatten, was das Wachstum der Kristalle sehr begünstigte. Die hier in den Klüften häufig auftretenden Bleiglanz-, Pyrit- und Sphalerit-Kristalldrusen bestehen aus Körnern von einer Größe bis zu 3—5 cm Durchmesser bei Bleiglanz und Pyrit und bis zu einigen Millimetern bei Sphalerit. Infolge der Unterschiede in der Löslichkeit der Zn-, Pb- und Fe-Sulfide fand die Umlagerung der einzelnen Sulfide etappenweise statt. Das Eisensulfid, als das am meisten lösliche, migrierte zuerst, dann folgte Sphalerit und zum Schluß der Bleiglanz. Die daran gebundene Kristallisationsabfolge ist im Vergleich mit der während des Dolomitisierungsprozesses beobachteten Mineralsukzession umgekehrt und gestaltet sich in den Lagerstätten (besonders deutlich im Ostteil des Erzbeckens) in der Reihenfolge: Pyrit — Sphalerit — Bleiglanz.

Im Zusammenhang obiger Ausführungen können bei der Bildung der sulfidischen Lagerstätten drei Etappen unterschieden werden:

1. Etappe: Erhöhung der Konzentration der nutzbaren Mineralien im dispersen Zustand in den Triasablagerungen.

2. Etappe: Dolomitisierung der Kalkablagerungen und Konzentrierung der Sulfide im Liegenden und in den Randgebieten des erzführenden Dolomits. Bildung von Erzen kolloidaler Struktur.

3. Etappe: Konzentration der Sulfide in den Dislokations- und Dolomittrümmerzonen sowie in den freien Räumen. Bildung der Erze von kristallinen Strukturen, brekziösen und Pseudokokarden-Texturen. Bildung der Kristalldrusen.

Schlußfolgerungen

Die oben angeführten Tatsachen und ihre Untersuchung lassen es zu, die Blei-Zinkerzlagerstätten Oberschlesiens zu der Gruppe der submarinen extrusiv-hydrothermalen Lagerstätten zu zählen. Die Quelle der riesigen Mengen von Zink und Blei waren die unmittelbar in das Triassedimentationsbecken gelangenden hydrothermalen Lösungen. Obwohl im oberschlesischen Gebiet keine zutagetretenden magmatischen Erscheinungen während der Trias feststellbar sind, so ist doch die vulkanische Aktivität dieser Periode z. B. aus dem rumänischen Teil der Dobrudscha bekannt, wo an das Auftreten der den Triasablagerungen syngenetischen Porphyre die Blei-Barytvererzung gebunden ist. Diese Vererzung kommt in karbonatischen Ablagerungen der mittleren Trias vor. Auch das Vorkommen anderer Blei-Zinkerzlagerstätten in den Sedimenten der mittleren Trias ist keine Zufallserscheinung. Zu solchen Lagerstätten gehören die alpinen Lagerstätten (Raibl, Bleiberg) und eine ganze Reihe von kleineren Vererzungserscheinungen in der unteren Trias von Baden, Württemberg und Franken sowie einige bulgarische Lagerstätten im Raum von Siedmotschislenica. Alle diese Lagerstätten sind sowohl ihrer Form und ihrem Inhalt nach als auch nach der Spurenelementgesellschaft der sulfidischen Mineralien (As, Tl, Ge) den oberschlesischen Lagerstätten sehr ähnlich (CZ. HARANCZYK, 1957).

Unter Berücksichtigung der Tatsache, daß manche zweifellos hydrothermalen Lagerstätten Mittelasiens (vom Altyn-Topkan-Typus) untertriassischen Alters sind, kann die Trias sowohl als auch das mittlere Devon (EHRENBERG, H., PILGER, A. & SCHRÖDER, F., 1954) als besonders blei-zinkführend bezeichnet werden.

Literatur

ASSMANN, P.: Zur Frage der Entstehung der oberschlesisch-polnischen Blei-Zinkerzlagerstätten. – Z. d. geol. Ges. Bd. 98, 1946, S. 30–69, Berlin 1948.

BOHDANOWICZ, K.: Wapień muszlowy w Zagłębiu Dąbrowskim; Przegląd Górniczo-Hutniczy T. VII Dąbrowa Górnicza 1910.

EHRENBERG, H., PILGER, A. & SCHRÖDER, F.: Das Schwefelkies-Zinkblende-Schwerspatlager von Meggen (Westfalen). – Beihefte zum Geol. Jb. H. 12, Hannover 1954.

EKIERT, F.: Sytuacja złoża kop. Bolesław na tle budowy geologicznej obszaru między Stawkowem i Olkuszem (im Druck).

GARRELS, R. M.: Mineral species as functions of p_H and oxidation reduction potentials with special reference to the zone of oxidation and secondary enrichment of sulphide ore deposits. – Geol. et Cosmochim. Acta 5. S. 153–168 (1954).

GAWEŁ, A.: Dolomityzacja w wapieniach jurajskich okolic Krakowa. – Rocznik PTG XVIII, Kraków 1948.

GRUSZCZYK, H.: O wykształceniu i genezie śląsko-krakowskich złóż cynkowo-ołowiowych. – IG. Biuletyn Warszawa 1956.

HARANCZYK, CZ.: Pierwiastki śladowe w minerałach kruszcowych ze sląko-krakowskich złóż cynkowo-ołowiowych. – IG Biuletyn 115, S. 63 bis 115, Warszawa 1957.

KEIL, K.: Die Genesis der Blei-Zinkerzlagerstätten von Oberschlesien. – Beih. Geologie, Nr. 15/1956, Berlin.

KOSMANN: Über Erzgänge und Gangmineralien in dem Steinkohlengebirge Oberschlesiens. – Östr. Z. Berg u. Hütt. Ver. Bd. 31, S. 289 bis 291, 302–304, Wien 1883.

KRAJEWSKI, R.: Uwagi na temat genezy górno-śląskich złóż cynkowo-ołowiowych. – Przegląd Geol. Nr. 7/1957, S. 311–314.

KRUSCH, P. Über kolloidale Vorgänge bei der Entstehung der oberschlesischen Blei-Zinkerzlagerstätten. – Z. oberschl. Berg u. Hüttenm. Vereins zu Katowice, S. 284–290, S. 344–349, Katowice 1929.

KUZNIAR, CZ.: Złoża rud ołowiu w okolicy Siewierza. Spraw. PIG T. VII, H. 1, S. 3–96, Warszawa 1932.

LIETZ, J.: Sulfidische Klüfterze im Deckgebirge des Salzstockes Reitbrook –. Mitt. aus d. Geol. Staatsinstitut in Hamburg, H. 20, S. 110–118, Hamburg 1951.

NIGGLI, P.: Gesteine und Minerallagerstätten. – Vol. II Exogene Gesteine u. Minerallagerstätten, S. 440–449, Basel 1952.

PETRASCHEK, W.: Das Alter der polnischen Erze. – Verh. k. k. Geol. Reichsanstalt Wien 1918.

POŠEPNÝ, F.: Über die Entstehung der Blei- und Zinkerzlagerstätten in löslichen Gesteinen. – Z. prakt. Geol., S. 398–401, Berlin 1893.

REIMERS, A.: Das Vorkommen von Gorasdzer Kalk im Grubenfeld der Deutsch-Bleyscharley-Grube bei Beuthen (O. S.) und seine Beziehung zur Lagerstätte. – Z. prakt. Geol., Bd. 49, S. 139–150, Berlin 1941.

SCHNEIDERHÖHN, H.: Genetische Lagerstättengliederung auf geotektonischer Grundlage. – Neues Jb. f. Min. H. 2, 3, S. 47–63, 65–89, Stuttgart 1952.

SMIRNOW, S. S.: Die Oxydationszone sulfidischer Lagerstätten – Moskau 1955.

STAPPENBECK, R.: Ausbildung und Ursprung der oberschlesischen Blei-Zinkerzlagerstätten. – Archiv f. Lagerstättenforschung, H. 41, Berlin 1928.

TAGEJEWA, N. W.: Zum Problem der geochemischen Verhältnisse bei der Bildung einiger Sedimentgesteine. – N. A. SSSR, T. XXVIII, Nr. 3, Moskwa 1951.

WERNICKE, F.: Die primären Erzmineralien der Deutsch-Bleischarley Grube bei Beuthen. – Archiv f. Lagerstättenforschung, H. 53, Berlin 1931.

Der Bau des tieferen Untergrundes Westpolens nach geophysikalischen Untersuchungsergebnissen[1)]

ADAM DĄBROWSKI, Warschau

Einleitung

Auf Grund der geophysikalischen Untersuchungsergebnisse wird im folgenden der Versuch unternommen, den Bau des tieferen Untergrundes Westpolens zu klären. Für diesen Zweck wurden die von der Abteilung Geophysik des Geologischen Instituts in den Jahren 1955 bis 1956 zusammengestellte gravimetrische und magnetische Karte von Polen im Maßstab 1:1000000 (A. DĄBROWSKI 1955; A. DĄBROWSKI & K. KARACZUN 1956a) und die von WŁ. POŻARYSKI und E. RÜHLE (1955) zusammengestellte abgedeckte geologische Karte Polens (ohne die quartären und tertiären Bildungen) ausgewertet.

Hierbei ist zu betonen, daß die oben erwähnte magnetische Karte Polens einen ersten Versuch der Zusammenstellung der gesamten Ergebnisse der regionalen magnetischen Untersuchungen darstellt, die in Polen von verschiedenen Institutionen in den Jahren 1935 bis 1955 durchgeführt worden sind. Im Hinblick auf das angenommene provisorische Muster für das Normalfeld, den provisorischen Nullhorizont für die Komponente der Vertikalanomalie „ΔZ" wie auch die angewandte Näherungsmethode zur Berücksichtigung der säkularen Änderungen sollte man diese Zusammenstellung nur als vorläufige betrachten. Dies verringert jedoch den Wert der Karte nicht, wenn es sich um die Möglichkeit der Auswertung für Studien über den Bau des magnetisch aktiven Untergrundes handelt.

Das magnetische Bild Westpolens und seine Interpretation

Betrachtet man die magnetische Karte Polens, so ist zu sehen, daß sich der westliche Teil des Landes hinsichtlich seines magnetischen Charakters deutlich von den ihn umgebenden Gebieten unterscheidet. Während in dem letzteren ein stark gestörtes magnetisches Feld zu beobachten ist, das durch das Auftreten zahlreicher lokaler Anomalien mit großen Gradienten und Amplituden charakterisiert ist, zeichnet sich Westpolen durch geringe Intensitätsänderungen des magnetischen Feldes und das Fehlen lokaler Anomalien aus.

Die Interpretation des magnetischen Bildes sollte mit einer Beschreibung des Bildes in den Nachbargebieten Westpolens beginnen.

Auf Grund der Ergebnisse geophysikalischer Untersuchungen und Tiefbohrungen wissen wir, daß das stark gestörte magnetische Bild Nordostpolens an einen in relativ geringer Teufe auftretenden magnetischen Untergrund geknüpft ist. Aus den Arbeiten von A. DĄBROWSKI und K. KARACZUN (1956b) geht hervor, daß sich dieser Untergrund an der nordöstlichen Landesgrenze in Tiefen von etwa 300 bis 500 m befindet und nach Südwesten zu immer tiefer unter ein unmagnetisches Deckgebirge abtaucht.

Längs einer Linie, die südlich von Darłowo (Rügenwalde) und Słupsk (Stolp) über Kościerzyna (Berent), Starogard (Pr. Stargard), Gniew (Neuenburg), Iława (Deutsch-Eylau), Lubawa, dann weiter östlich von Sierpec, südöstlich von Płońsk, über Nowy Dwór, Otwock, Sulechów, Kock, östlich von Lublin, über Krasnystaw, Zamość in Richtung auf Rawa Russkaja verläuft, ist ein schnelleres Abfallen der Tiefe des Untergrundes zu erkennen. Es ist anzunehmen, daß wir es hier mit einer „Böschung" zu tun haben, die den Untergrund in zwei Staffeln, nämlich in eine flachgründigere, nordöstliche und eine tiefere, südwestliche, unterteilt. Im Gebiet der „Böschung" beträgt die durch-

[1)] Aus „Kwartalnik Geologiczny" Bd. 1, Nr. 1/1957, S. 31–39.

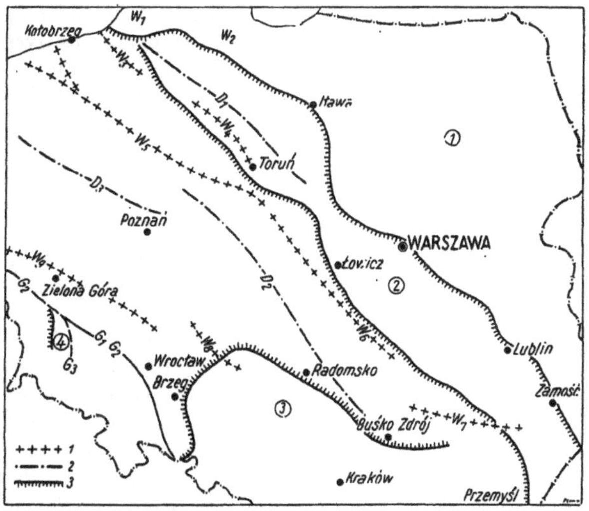

Der Bau des tieferen Untergrundes von Westpolen

1 – Achsen gravimetrischer Hochs (Antiklinalen); 2 – Achsen gravimetrischer Tiefs (Synklinalen); 3 – Ränder von Staffeln im magnetischen Untergrund

W_1 – Hoch von Ustka (Stolpmünde); W_2 – Hoch von Kartuzy (Karthaus); W_3 – Hoch von Koszalin (Kösliner Wall); W_4 – Hoch von Chojnice (Konitzer Wall); W_5 – gravimetrisch positive Kujawisch-pommerische Achse von Kutno (Kujawisch-pommerischer Wall); W_6 – nordöstliche Umrandung des Heiligkreuz- (Święty-Krzyż-)Gebirges; W_7 – Hoch von Kielce (Heiligkreuzgebirge); W_8 – Hoch von Ostrzeszów (Schildberg); W_9 – Hoch von Krosno-Trzebnica (Wschowa) (Crossen – Trebnitz bzw. Fraustadt)

D_1 – Depression der unteren Weichsel; D_2 – Depression von Mogilno – Łódź (Senke von Mogilno und Senke von Łódź); D_3 – Netze-Depression von Szczecin (Stettin)

(1) – Staffel im magnetischen Untergrund, Tiefe 0,3–5 km; (2) – Staffel im magnetisch aktiven Untergrund, Tiefe 5–10 km; (3) – Staffel im magnetischen Untergrund; (4) – Staffel im präkambrischen Untergrund.

G_1 – Nordöstliche Grenze der lokalen magnetischen Anomalien; G_2 – Nordöstliche Grenze der kristallinen Gesteine (nach geologischen Daten); G_3 – Vermutliche Westgrenze der magnetischen Gesteine

schnittliche Tiefe des Untergrundes ungefähr 5 km (Abb.).

Im nordöstlichen Teil des Landes ist längs einer Linie, die von der Ostseeküste über Miastko (Rummelsburg), Człuchów (Flatow), zwischen Gniew (Neuenburg) und Toruń (Thorn) und über Ciechocinek, Nieszawa, Płock, Gąbin, Łowicz, Rawa Mazowiecka, Nowe Miasto, Iłża, nordöstlich von Ostrowiec, Zawichost und Rozwadów, über Radymno und Przemyśl verläuft, eine Verdichtung der Isonomalen zu erkennen, die einer Zunahme des Gradienten der vertikalen Anomalienkomponente „△Z" entspricht. Nach ST. PAWŁOWSKI (1947, 1953) ist anzunehmen, daß dies diejenige Linie ist, die durch die Wendepunkte der Kurven der Anomalie „△Z" läuft. Wir gewinnen sie, indem wir Profile zeichnen, die senkrecht zu dieser Linie in NE-SW-Richtung verlaufen. Vergleicht man diese Kurven mit den theoretischen, so kann man annehmen, daß wir es hier mit einer zweiten „Böschung" im magnetischen Untergrund zu tun haben, welche die höhere, zweite Staffel von einer dritten trennt. Auf der Linie der zweiten „Böschung" betragen die Tiefen des Untergrundes etwa 10 km.

Zu beachten wäre noch, daß sich beide oben erwähnten „Böschungen" zwischen Darłowo (Rügenwalde) und Koszalin (Köslin) vereinigen, und daß wir es dort nicht mit drei, sondern mit zwei Staffeln im Untergrunde zu tun haben. Infolge des Fehlens lokaler magnetischer Anomalien ist es schwierig, die Tiefe des magnetischen Untergrundes südwestlich von der zweiten „Böschung", also auf dem Gebiet Westpolens, zu bestimmen. Man kann nur vermuten, daß die Mächtigkeit der hier auftretenden unmagnetischen Gesteine 10 km überschreitet.

Die südliche Grenze des magnetisch ruhigen Gebietes Westpolens stellt eine Linie mit erhöhten Gradienten der vertikalen Anomalienkomponente „△Z" dar, die über Prudnik (Neustadt i. Oberschl.), östlich von Niemodlin (Neurode) und Brzeg (Brieg), über Namysłów (Namslau), Wieruszów, Złoczew, Radomsko, Włoszczowa, Jędrzejów, Pińczów, südlich von Buśko Zdrój und nach Osten in Richtung auf Rozwadów verläuft. Es ist zu bemerken, daß südöstlich von Włoszczowa der Verlauf dieser Linie einen sehr hypothetischen Charakter hat. In Analogie zum Gebiet Nordost-Polens kann man annehmen, daß diese Linie einer „Böschung" des magnetischen Untergrundes entspricht. Nördlich von dieser „Böschung" würden die magnetischen Gesteine viel tiefer als im Süden auftreten.

Auf Grund der Interpretation der südlich von dieser Linie auftretenden Anomalien (ohne Berücksichtigung der mit dem Auftreten vulkanischer Gesteine in der Umgebung von Krzeszowice verknüpften Anomalien) kann vermutet werden, daß dort der magnetische Untergrund in der Tiefe von einigen Kilometern (im Raume der Anomalie von Oświęcim (Auschwitz) etwa bei 4 km, im Raume der Anomalie von Jordanów etwa bei 2 km) ansteht.

Im Gebiete Niederschlesiens deckt sich die nordöstliche Grenze des Auftretens kleinerer lokaler Anomalien von großen Gradienten und Amplituden in ihrem südöstlichen Teil mit der Grenze der metamorphen und magmatischen Ablagerungen, wie sie auf der abgedeckten geologischen Karte von Polen im Maßstab 1 : 1000000 von WŁ. POŻARYSKI und E. RÜHLE (1955) eingezeichnet ist. Es ist noch darauf hinzuweisen, daß im NW die Grenze des Auftretens lokaler magnetischer Anomalien eine Linie bildet, die in der Gegend von Chojnów (Haynau) von Süden nach Norden verläuft; dagegen gibt eine Süd-Nord-Linie, die durch Szprotawa (Sprottau) zieht, die Orte mit maximalen regionalen Gradienten der vertikalen Anomalienkomponente „△Z" an, von welchen nach Westen hin ein magnetisch ruhiges Gebiet zu erkennen ist. In Analogie zu anderen Gebieten kann man vermuten, daß wir es hier mit einem (möglicherweise gestaffelten) Abfallen des magnetischen Untergrundes zu tun haben.

Nordöstlich der Grenze des Auftretens metamorpher und magmatischer Bildungen unmittelbar unter den känozoischen Sedimenten ist im Gebiet von Krosno (Crossen a. d. Oder), Zielona Góra (Grünberg), Nowa Sól (Neusalz) und Trzebnica (Trebnitz) ein länglicher Streifen magnetischer Anomalien zu erkennen. Ihr Vorkommen steht wahrscheinlich mit in etwa 5 km Teufe auftretenden Störungskörpern in Verbindung. Demzufolge darf man vermuten, daß von Südwesten her der magnetisch aktive Untergrund in Richtung zu dem Gebiet, in dem die oben erwähnten Anomalien auftreten, schnell untertaucht.

Zwischen den oben beschriebenen Gebieten, die ein differenziertes magnetisches Bild sowie einen relativ flachgründigen magnetischen Untergrund haben, zeichnet sich das Gebiet Westpolens ab. Es ist durch einen sehr kleinen Gradienten der vertikalen Anomalienkomponente „△Z" und durch das Fehlen lokaler Anomalien charakterisiert.

Man kann annehmen, daß in diesem Gebiet der magnetische Untergrund so tief liegt, daß er auf das magnetische Feld als ein Ganzes wirkt, d. h. daß sich der Einfluß der lithologischen Differenzierung nicht abzeichnet.

In diesem Zusammenhang wäre zu beachten, daß die relativen Werte der vertikalen Anomalienkomponente „$\triangle Z$" dort höher sind, wo sich der Untergrund in geringerer Tiefe befindet, und dort niedriger sind, wo dieser in größerer Tiefe auftritt.

Demnach nehmen die Werte der Anomalien von den die Nachbargebiete Westpolens abgrenzenden „Böschungen" zur Mitte des ruhigen westpolnischen Gebietes wie auch von Südosten nach Nordwesten systematisch ab. Deshalb ist zu vermuten, daß das Hangende der magnetischen Bildungen im Gebiet Westpolens muldenartige Vertiefungen bildet, die nach Nordwesten offen sind und deren Achse von Südosten nach Nordwesten eintaucht.

Im Hinblick darauf, daß das magnetische Bild des mittleren Teils des beschriebenen Gebietes nicht sehr ausgeprägt ist, ist es schwierig, den Verlauf der Achse auch nur schematisch darzustellen. Vermutlich fällt in diesem Teil der Untergrund sehr allmählich ab.

Was Charakter und Alter der Gesteine betrifft, die den oben erwähnten magnetisch aktiven Untergrund aufbauen, so geht aus den in Nordostpolen, das den südwestlichen Rand der Russischen Tafel bildet, niedergebrachten Bohrungen wie auch aus den in den benachbarten Gebieten der Sowjetunion durchgeführten Untersuchungen hervor, daß die magnetischen Anomalien mit magmatischen und metamorphen Gesteinen präkambrischen Alters verknüpft sind. Man könnte danach annehmen, daß das Hangende des magnetisch aktiven Untergrundes dem Hangenden der präkambrischen Bildungen entspricht. Man sollte jedoch an dieses Problem vorsichtig herangehen, weil nach der abgedeckten geologischen Karte Polens im Maßstab 1 : 1000000 im Süden des Heiligkreuzgebirges unmittelbar unter dem Tertiär in verhältnismäßig geringer Tiefe Bildungen auftreten, die als Algonkium betrachtet werden, während der magnetisch aktive Untergrund, wie aus der magnetischen Karte ersichtlich ist, hier in einer Tiefe von vielen tausend Metern auftreten müßte.

Somit darf man vermuten, daß in manchen Gebieten Polens die Hangendgrenze des magnetischen Untergrundes nicht dem Hangenden des Präkambriums entspricht, sondern dem Hangenden noch älterer Stockwerke.

Es ist auch offensichtlich, daß in Gebieten mit Vorkommen magmatischer Gesteine anderen Alters die sich dort abzeichnenden lokalen Anomalien mit diesen Gesteinen und nicht mit dem präkambrischen Untergrund verknüpft sind.

Einige gravimetrische Anomalien und der geologische Bau Westpolens

Die Ergebnisse der in den letzten Jahren vom Geologischen Institut in Warschau und dem Zentralamt für Erdöl durchgeführten Bohrungen und seismischen Untersuchungen ermöglichen es jetzt, die sich im Gebiete Westpolens abzeichnenden gravimetrischen Anomalien mit den geologischen Erscheinungen in Beziehung zu setzen.

Es war schon früher bekannt, daß der von T. OLCZAK (1951) als „positive kujawisch-pommerische Achse, Hoch von Kutno und Hoch von Kielce" (seine nordwestliche Abzweigung) bezeichnete Komplex positiver Anomalien der Aufragungszone entspricht, die J. CZARNOCKI als „mittelpolnisches Antiklinorium" bezeichnet. Sie umfaßt den Kujawisch-pommerischen Wall sowie die nordöstliche Umrandung des Heiligkreuzgebirges. Man sollte auch beachten, daß sich nach den Ergebnissen der gegenwärtig durchgeführten geologischen Spezialarbeiten die Achse des Komplexes positiver Anomalien nicht genau mit der Achse der im Hangenden des Antiklinoriums auftretenden mesozoischen Ablagerungen deckt.

Das ist verständlich, wenn wir beachten, daß auf das Schwerefeld nicht nur die das Antiklinorium aufbauenden, unmittelbar unter der känozoischen Decke vorkommenden Gesteine, sondern auch seine tieferen Partien einwirken. Demnach würden die gravimetrischen Anomalien den Gesamteinfluß des Baues des ganzen Antiklinoriums widerspiegeln. Eine Korrelation der gravimetrischen Anomalien mit dem Bau des Hangenden des Antiklinoriums wird erst dann möglich sein, wenn man von den regionalen Einflüssen absehen und die lokalen Effekte ausschalten kann.

Wir wissen auch, daß die gravimetrische Netze-Depression und die Depression von Mogilno-Łódź in den Hauptzügen den mit jungen, leichten Bildungen des Mesozoikums erfüllten Mulden von Szczecin (Stettin), Mogilno und Łódź entsprechen.

Die sich nordöstlich vom Kujawisch-pommerischen Wall abzeichnende gravimetrische Depression der unteren Weichsel ist vermutlich mit dem Vorkommen leichter Sedimentgesteine von großer Mächtigkeit verknüpft, das auf der einen Seite von der höchsten, aus schweren präkambrischen Gesteinen aufgebauten Staffel der Russischen Tafel und auf der anderen Seite vom Kujawisch-pommerischen Wall begrenzt ist.

Innerhalb dieser Depression zeichnen sich die langgestreckten gravimetrischen Hochs von Koszalin (Köslin) und Chojnice (Konitz) ab. Auf Grund seismischer und geologischer Untersuchungen wurde kürzlich festgestellt, daß diese Hochs mit antiklinalen, parallel zum Kujawisch-pommerischen Antiklinorium verlaufenden Aufragungen verknüpft sind.

Bei dieser Gelegenheit ist festzustellen, daß sich bei Kenntnis des jetzt vorhandenen Materials die Abhängigkeit zwischen dem Verlauf des Randes der Russischen Tafel und dem Auftreten der oben erwähnten antiklinalen Aufragungen des Kujawisch-pommerischen Walles, des Hochs von Koszalin (Köslin) und des von Chojnice(Konitz) deutlich abzeichnet.

Vermutlich besteht zwischen der starren Masse der Tafel und der Entstehung der beschriebenen orogenen Gebilde ein genetischer Zusammenhang, wie ihn ST. PAWŁOWSKI in seinen Arbeiten (1947, 1953) erwähnt.

Weiter nördlich sind auf der gravimetrischen Karte die gravimetrischen Hochs von Ustka (Stolpmünde) und Kartuzy (Karthaus) zu erkennen. Aus der Interpretation der Ergebnisse der magnetischen Untersuchungen geht hervor, daß der magnetische Untergrund hier von 1 km Tiefe im Norden bis 5 km Tiefe in der Gegend von Kościerzyna (Berent) liegt. Beachtet man, daß sich die lokalen positiven und negativen gravimetrischen Anomalien in den allgemeinen Umrissen mit den magnetischen Anomalien entsprechend decken, dann kann man auf Grund von Erfahrungen aus dem Gebiet Nordostpolens feststellen, daß das gravimetrische Bild hier in entscheidendem Maße durch die lithologische Differenzierung der den Untergrund aufbauenden magmatischen oder metamorphen Gesteine beeinflußt wird. Demnach ist sowohl die positive gravimetrische Anomalie von Kartuzy als auch der Komplex positiver gravimetrischer Anomalien von Ustka (Stolpmünde) wahrscheinlich mit im Untergrund auftretenden magnetisch erregbaren schweren basischen Gesteinen (wie z. B. in Pisz, Johannisburg) verknüpft. Es würde folglich das Hoch von Rügenwalde nicht, wie vermutet, mit einem eine besondere Einheit bildenden Massiv, sondern mit einem lithologisch verschiedenen Teil des Randes der Russischen Tafel verknüpft sein.

Eine kompliziertere Frage bildet die Verknüpfung der sich im südlichen Westpolen abzeichnenden Hochs von Ostrzeszów (Schildberg) und Krosno (Crossen a. d. Oder) — Trzebnica (Trebnitz) (bzw. Wschowa = Fraustadt) mit dem geologischen Bau.

Auf Grund der in diesem Gebiet durchgeführten Bohrungen und seismischen Untersuchungen ergibt sich, daß in den bis zu etwa 3 km Tiefe untersuchten mesozoischen und jungpaläozoischen Ablagerungen keine tektonischen Erscheinungen (antiklinalen Aufragungen) zu sehen sind, die das Auftreten der positiven gravimetrischen Anomalien erklären könnten. Andererseits sind im magnetischen Bild des südlichen Teiles von Westpolen keine positiven magnetischen Anomalien, wie im Falle der Anomalien von Ustka und Kartuzy, zu erkennen, die mit den gravimetrischen Anomalien gleichbedeutend sein könnten.

Wir haben also zwei Deutungsmöglichkeiten für das Bestehen der erwähnten gravimetrischen Hochs. Die eine beruht auf der Vermutung, daß im Untergrund schwere magmatische oder metamorphe, aber unmagnetische Gesteine vorkommen. Auf Grund der Interpretation der magnetischen Anomalie von Zielona Góra (Grünberg/Schles.) — Żmigród kann man vermuten, daß diese Gesteine in einer Tiefe von mehr als 5 km auftreten (wobei ein Einfallen des Untergrundes nach Nordosten angenommen wird). Andererseits könnte man vermuten, daß das gravimetrische Hoch mit dem Vorkommen eines unbekannten, aus schweren, wahrscheinlich altpaläozoischen Sedimentgesteinen aufgebauten Gebirges in Verbindung stehe; vermutlich würde sich dieses außerhalb der Reichweite von Bohrungen und seismischen Untersuchungen befinden, d. h. tiefer als 3 km (jedoch nicht viel tiefer als 5 km, also noch über dem magnetischen Untergrund).

Sollte dieser zweite Fall zutreffen, so drängt sich die Vermutung auf, daß der aus alten magmatischen und metamorphen Gesteinen aufgebaute starre niederschlesische Block seinen Einfluß auf die Entstehung des Gebirges ausgeübt hat, ähnlich wie der Rand des kristallinen Massivs Südpolens, der seinen Ausdruck im magnetischen Bild findet, das nach ST. PAWŁOWSKI (1953) die Entstehung des Heiligkreuzgebirges beeinflußt hat.

Schlußfolgerungen

Auf Grund obiger Darlegungen kann man annehmen, daß Westpolen von einer ausgedehnten Senke eingenommen wird, die im Nordosten, Süden und Südwesten von starren Blöcken umgrenzt, nach Westen und Nordwesten aber offen ist. Diese Senke war ein Wirkungsgebiet gebirgsbildender Vorgänge, deren Einfluß sich am deutlichsten an seinen Rändern bemerkbar macht. Die Senke ist mit Sedimentgesteinen von großer Mächtigkeit gefüllt, die im mittleren Teil einige zehntausend Meter erreichen kann.

Im vorstehenden Beitrag wurden einige wichtige, durch geophysikalische Untersuchungen bekanntgewordene Erscheinungen besprochen.

Bei der Planung von Sucharbeiten, insbesondere bei der Suche nach Bitumina, sollte man das Augenmerk auf die Einheiten zweiter und dritter Ordnung des gravimetrischen Bildes richten. Wie auf Grund der seismischen Untersuchungen und Bohrungen im Falle der Anomalie von Gopło und Mogilno festgestellt wurde, stehen sie im Zusammenhang mit flachgründigen Strukturen, in welchen Bitumina auftreten können.

Lokale Anomalien dieses Typs verlangen jedoch vor Beginn der Bohrarbeiten genaue gravimetrische und seismische Untersuchungen wie auch Arbeiten zum Eliminieren der regionalen gravimetrischen Effekte.

(Vortrag gehalten auf der wissenschaftlichen Tagung des Geologischen Instituts in Warschau am 14. Dezember 1956.)

Der Stand der geologischen Untersuchungen über die Struktur des Pommerischen Antiklinoriums im Abschnitt Świdwin-Piła[1)]

STANISŁAW TYSKI, Warschau

Im folgenden behandelt Verf. den gegenwärtigen Stand der geologischen Untersuchungen und die bisherigen Erkenntnisse der Struktur des Pommerischen Antiklinoriums im Abschnitt Świdwin-Piła (Schivelbein-Schneidemühl).

Die von den polnischen Geologen in diesem Gebiete nach dem II. Weltkrieg aufgenommenen wissenschaftlichen Arbeiten stützten sich auf die uns von den Deutschen hinterlassenen spärlichen Vorarbeiten. Auf dem Gebiete der Geophysik verfügten wir über eine gravimetrische Übersichtskarte i. M. 1:200000, eine regionale magnetische Aufnahme und eine refraktionsseismische Fächeraufnahme im Gebiet von Czaplinek (Tempelburg) und Szczecinek (Neustettin). Im Rahmen der Erdölsucharbeiten wurde zwei Jahre vor dem II. Weltkrieg von den Deutschen die Bohrung Prądy (Marienbrück), Kr. Wałcz (Deutsch-Krone), bis über 700 m Teufe niedergebracht. Diese Bohrung durchstieß Rät-Lias und Keuper und wurde im Muschelkalk eingestellt. Es folgten in diesem Gebiet zwei Bohrungen des gleichen Typs in Jastrowo (Jastrow), von denen nur die zweite, die bis über 500 m Teufe niedergebracht wurde, Rät-Lias erreichte. In den Jahren 1941—1943 brachten die

1) Aus: „Kwartalnik Geologiczny" (poln.), Bd. 1, Nr. 1/1957, S. 40—47.

Deutschen unter Berücksichtigung der gravimetrischen und seismischen Untersuchungsergebnisse im höchsten Teil des Antiklinoriums in der Gegend von Czaplinek (Tempelburg) drei Bohrungen als weitere Etappe der geologischen Erdölsucharbeiten nieder. Die tiefste dieser Bohrungen, Czaplinek 3, erreichte eine Teufe von über 500 m, durchteufte Rät-Lias und bohrte darunter den Keuper an. Es soll noch erwähnt sein, daß in der deutschen Bohrung Orla (Wordel), Kr. Wałcz (Deutsch-Krone), unter dem Tertiär in 200 m Teufe Oberer Dogger angebohrt wurde.

Die Untersuchungsergebnisse in diesem Gebiet wurden von B. BROCKAMP im Jahre 1941 auf seiner bekannten Karte synthetisch zusammengefaßt.

Vom Geologischen Institut wurden in der Nachkriegszeit die geophysikalischen Aufnahmen ausgewertet und gravimetrische und magnetische Karten in den Maßstäben 1:300000 und 1:1000000 ausgearbeitet. Das Material der seismischen Fächeraufnahmen wurde von J. UCHMANN ausgewertet. In großem Maße vorangetrieben wurde die Überdeckung dieses Gebietes mit einer einheitlichen gravimetrischen Aufnahme, die mit den Arbeiten von 1956 auf diesem Abschnitt abgeschlossen wurde. Im Jahre 1954 wurden auf Initiative des Geologischen Instituts zwei regionale seismische Profile Stargard-Koszalin (Köslin) und Chojnice-(Konitz)-Piła (Schneidemühl) gemessen. Die Kenntnis der Geologie wurde in diesem Teil des Antiklinoriums seit 1955 in hohem Grade durch die Erdölindustrie vertieft.

Sie hat eine Reihe seismischer Profile geschossen sowie 11 Bohrungen, davon 4 Tiefbohrungen, durchgeführt. Die Abteilung Eisenerz-Lagerstätten des Geologischen Instituts war an der Suche nach Eisenerzen interessiert und hat 13 Bohrungen angesetzt. Von der Abteilung Flachlandgeologie des Geologischen Instituts wurde das geologische Profil im Gebiet Czaplinek-Szczecinek durch 2 Bohrungen ergänzt.

Mit Rücksicht darauf, daß sowohl die Geologen der Erdölindustrie als auch die der Abteilung Eisenerz-Lagerstätten des Geologischen Instituts spezielle wissenschaftliche Ausarbeitungen vorbereiten, gebe ich im vorliegenden Referat, das nur den Charakter eines wissenschaftlichen Berichts hat und eine zusammenfassende Übersicht über den bisherigen Stand der Untersuchungen gibt, nur allgemeinste Daten, die es gestatten, sich über den Bau dieses Teiles des Pommerischen Antiklinoriums zu orientieren. Dank der wohlwollenden Zusammenarbeit mit den genannten Institutionen ist mir das Gesamtbild des gewonnenen Materials bekannt.

Zunächst sollen die Ergebnisse der zwei auf dem Kulminationspunkt des Antiklinoriums angesetzten Tiefbohrungen der Erdölindustrie besprochen werden. Sie stützten sich auf die deutsche gravimetrische Karte, auf deutsche Bohrungen und auf das seismische Profil Stargard-Koszalin (Köslin).

Die Bohrung Świdwin (Schivelbein) 2

Nach dem Durchteufen eines etwa 200 m mächtigen quartären und tertiären Deckgebirges stieß die Bohrung auf Keuper, und zwar nicht auf den höchsten[1]). Es wurden hier etwa 270 m Keuperablagerungen durchbohrt. Im oberen Teil der durchbohrten Keuperserie treten verschiedenfarbige Schiefertone, zuweilen mit Gips, im unteren Teil tonige Kohlen auf. Darunter wurde der ganze, etwa 160 m mächtige Muschelkalk durchteuft. In seinem Hangendteil treten Dolomit sowie Tonmergel mit Gipseinlagen, weiter unten hellgraue und graue „Wellenkalke“ auf. Unter diesen Schichten folgen mit insgesamt über 1350 m Mächtigkeit Serien des Buntsandsteins einschließlich des Röt und einer stratigraphisch schwer abzutrennenden, vielleicht schon zum oberen Zechstein gehörenden schluffigmergeligen Serie.

Bekanntlich haben diese Ablagerungen in Szubin (Schubin) die gleiche Mächtigkeit. Im folgenden wird die Entwicklung dieser mächtigen Serie kurz dargestellt:

Von über 600 bis etwa 920 m: weißliche, rosa- und hellkirschfarbene, stellenweise konglomeratische Sandsteine, weiter unten Anhydrite, graue Schiefer mit Gipsen und rote Schiefertone (Röt);

von etwa 920 m bis etwa 1290 m: rote Sandsteine mit roten Tonen; die ganze Serie reagiert schwach auf HCl;

von etwa 1290 m bis etwa 1400 m: eine graue, mergelige oder dolomitische Schieferserie; nach unten zu trifft man Anhydritnester an;

von etwa 1400 m bis etwa 2000 m: rote Tonmergel und Mergelschiefer, stellenweise stark glimmerhaltig, oft mit Anhydritnestern; zuweilen von sehr geringmächtigen (von einigen Millimetern bis einigen Zentimetern), helleren Kalkbändern durchzogen; Sandsteine und rote Schluffsteine treten hier untergeordnet auf.

Der Übergang vom Buntsandstein zum oberen Zechstein ist im Bereich dieser Serie schwer zu erkennen.

Die eindeutig als Zechstein erkannten Ablagerungen beginnen bei etwa 2000 m Teufe. Es ist dies eine salzführende Fazies. Im Hangenden treten poröse Anhydrite, darunter Salze, zum größten Teil Haselgebirge oder mehr oder weniger gefärbtes Kristallsalz auf, noch weiter unten Dolomite und darunter wieder Salz.

Aus technischen Gründen wurde die Bohrung Świdwin 2 bei 3270 m Teufe eingestellt; das Liegende des Zechstein-Salinars konnte nicht erreicht werden.

Die Bohrung Świdwin 1 gelangte zunächst in den unteren Teil des Lias. Allgemein gesehen haben sich hier die Ergebnisse der Bohrung Świdwin 2 wiederholt, jedoch mit dem Unterschied, daß die in der Bohrung Świdwin 2 angebohrte Serie des Unteren Keupers etwa 700 m tiefer erreicht wurde. Infolgedessen ließ sich, obgleich Kerne durchschnittlich nur alle 50 m entnommen wurden, die Mächtigkeit der in Świdwin 2 oben fehlenden, etwa 100 m mächtigen Serie des obersten Keupers[2]) annähernd feststellen; es handelt sich um rote plastische Tone, die mit Salzsäure nicht reagieren.

Die Mächtigkeit des Rät, genauer gesagt, die Mächtigkeit der Übergangsserie vom Lias zum unzweifelhaften Keuper, wird auf 100—120 m geschätzt. Diese Ablagerungen sind ähnlich den in der Bohrung Mechowo (Dorphagen) angetroffenen ausgebildet. Die wissenschaftliche Bearbeitung des Lias in Mechowo ist von R. DADLEZ („Kwartalnik Geologiczny“, Nr. 1, 1957) vorgelegt worden.

Muschelkalk, Röt und Buntsandstein sind entsprechend der Folge in der Bohrung Świdwin 2 ausgebildet.

Die Bohrung Świdwin 1 wurde im Buntsandstein bei 1750 m Teufe eingestellt.

---

[1]) Bem. d. deutsch. Red.: D. h. nach deutscher Auffassung, nicht auf den höchsten Mittleren Keuper.

[2]) Bem. d. deutsch. Red.: Nach deutscher Auffassung oberster Mittlerer Keuper.

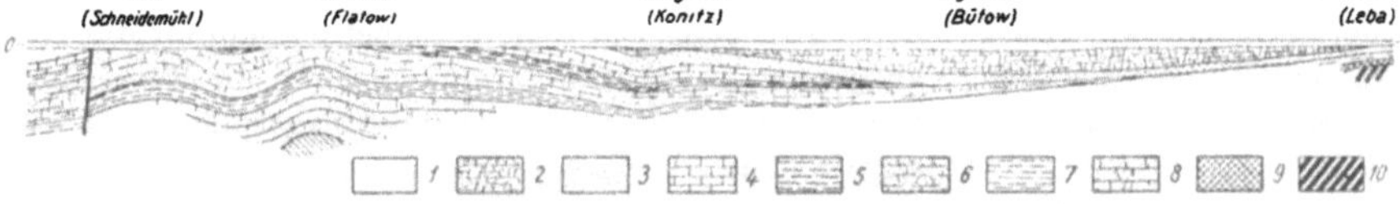

Abb. 1. Geologischer Schnitt durch Pomorze zachodnie („Westpommern" = Nordwestpolen; 5fach überhöht)
1 — Quartär und Tertiär; 2 — Kreide, mergelig; 3 — Kreide, sandig; 4 — Oberer Jura (Malm); 5 — Mittlerer Jura (Dogger); 6 — Unterer Jura (Lias); 7 — Keuper und Muschelkalk; 8 — Buntsandstein; 9 — Zechstein; (auch bei Złotów zuunterst, wo versehentlich nur Schrägschraffur angebracht ist); 10 — Silur

Auch längs der Linie des seismischen Profils Piła (Schneidemühl)-Chojnice (Konitz) wurden über 10 Bohrungen niedergebracht. Demzufolge wurde ein gut dokumentiertes Profil gewonnen, das die Struktur des pommerischen Antiklinoriums quer durchschneidet (Abb. 1 und 2).

In den allgemeinsten Grundzügen lieferten die Bohrergebnisse folgende Tatsachen, die über den Bau dieses Teils des Antiklinoriums aussagen können:

Im Süden beginnend gelangten die zwei Bohrungen Stobno (Stöwen) und Piła 1 (Schneidemühl 1) unter dem quartären und tertiären Deckgebirge in Sandsteine des Lias. Charakteristisch ist, daß sowohl in der ersten als auch in der zweiten Bohrung ziemlich starke artesische Wasserzuflüsse angetroffen wurden. Diese Erscheinung führt zusammen mit anderen Beobachtungen, die R. DADLEZ in seiner Arbeit erwähnt, in starkem Maße zu der Auffassung, daß man südlich von Piła (Schneidemühl) mit dem Auftreten tektonischer Bruchstörungen rechnen kann.

In den beiden folgenden, nördlich von Piła (Schneidemühl) angesetzten Bohrungen Płociczno (Albertsruh) und Skórka (Schönfeld) wurden im Hangenden des Mesozoikums sandig-tonige Ablagerungen des untersten Doggers angetroffen. Besonders interessant ist die von der Erdölindustrie ausgeführte Tiefbohrung Skórka. Hier wurde ähnlich wie in Mechowo festgestellt, daß der Lias einschließlich Rät eine Mächtigkeit von über 1300 m erreicht. Da hier nur ein sehr unvollständiger Kern gewonnen wurde, können die Ergebnisse dieser Bohrung nicht mit dem Lias von Mechowo parallelisiert werden.

Auf einer mit dem refraktionsseismischen Verfahren entdeckten antiklinalen Aufragung wurde die Kontrollbohrung Krajenka (Krojanke) durchgeführt. In dieser Bohrung wurden Sandsteine des Lias nachgewiesen, die tiefer als die stratigraphisch dokumentierte sogen. „grüne Estherienserie" liegen.

In der weiter nördlich folgenden Bohrung Klukowo (Blankenfelde) wurden Estherienschichten des Oberen Lias angebohrt.

Vier von R. OSIKA bearbeitete Bohrungen Złotów (Flatow) 1, Złotów 2, Stawnica (Stewnitz) und Wiśniewka Stara (Kuchwerder) gelangten in das mittlere und untere Vésulien, wobei hier eine geringe, aber deutliche tektonische Undulation im Bereich des Mittleren Juras festgestellt wurde.

Die zwei folgenden Bohrungen Buczek (Buchort) und Bługowo blieben in Kalksteinen des Malm stekken. Dagegen erreichten die Bohrungen Gronowo 1 und Gronowo 2 (Groß-Grünow 1 und 2), wie von R. OSIKA vermutet, das Neokom, schwarze Schluffsteine und Tone sowie eisenhaltige, tonige Konglomerate. Beide Bohrungen wurden nach dem Durchteufen der Unteren Kreide im obersten Malm eingestellt.

Um die durch seismische Untersuchungen bestätigte gravimetrische Struktur Chojnice (Konitz) zu klären, setzte die Erdölindustrie auf der Achse der erwarteten Aufragung eine Tiefbohrung in Lichnowy (Gr. Lichtenau) bei Chojnice an. Durch diese Bohrung wurde unter einer 300 m mächtigen quartären und tertiären Decke die Kreide angefahren, die in der Fazies dunkler, glaukonitischer Schluffsteine ausgebildet ist. Nach bisherigen Ergebnissen der mikropaläontologischen Analyse müßte die Hangendserie dieser Gesteine mindestens ins Turon gestellt werden; doch scheint es nicht ausgeschlossen, daß sie noch jünger sind. Zwischen 700 und 800 m Teufe wurde in dieser Bohrung die Untere Kreide in ähnlicher Entwicklung wie in den Bohrungen von Gronowo erreicht.

Hervorzuheben ist, daß die Mächtigkeit der jurassischen Ablagerungen in Chojnice viel geringer ist als im axialen Teil des Antiklinoriums. Dies gilt für den Dogger wie auch für den Lias. Die grüne Estherienserie des Oberen Lias tritt fast im Hangenden dieser Stufe auf und ist stark reduziert. Außerdem wurde in der Bohrung Chojnice 1 (Lichnowy) ein starkes Einfallen der durchbohrten Schichten beobachtet. Die Bohrung wird fortgeführt und sicher interessante wissenschaftliche Ergebnisse bringen.

Auf der südlichen und nördlichen Flanke der vermuteten Aufragung von Chojnice wurden die zwei flacheren Kontrollbohrungen Ogorzeliny (Neuendorf) und Nowa Cerkiew (Neukirch) angesetzt. Sie bestätigten die Vorstellungen der Geophysik hinsichtlich des Bestehens der Aufragung. Die Bohrungen kamen in weiße Mergel der Oberen Kreide, die zweifellos jünger sind als die glaukonitischen Schluffsteine der Bohrung Lichnowy (Gr. Lichtenau).

Weiter nördlich sind keinerlei Bohrungen bis ins Mesozoikum vorhanden.

Erst an der Ostsee, auf dem Höhepunkt einer lokalen magnetischen Anomalie bei Łeba, ist eine deutsche Bohrung aus dem Jahre 1936 bekannt, die unter der reduzierten tieferen Oberkreide das Vorhandensein des Buntsandsteins und des Zechsteins festgestellt hat, der diskordant auf Silur liegt.

Stützt man sich auf das regionale gravimetrische Bild und auf die allgemeinen Grundzüge des geologischen

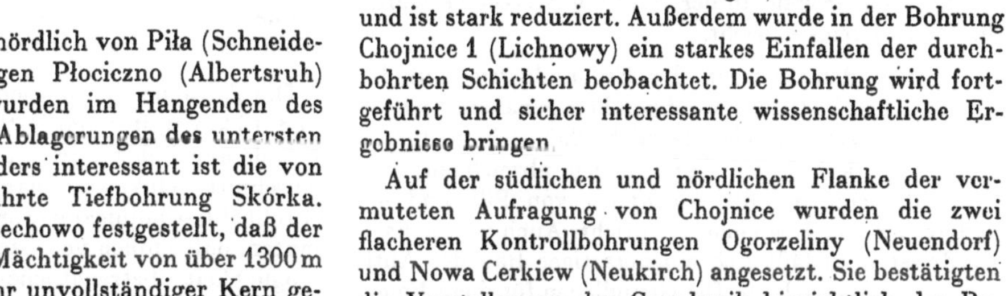

Abb. 2. Geologischer Schnitt Piła-Chojnice (Schneidemühl-Konitz; 5fach überhöht)
1 — Quartär; 2 — Tertiär; 3 — Kreide, mergelig; 4 — Kreide, sandig; 5 — Oberer Jura (Malm); 6 — Mittlerer Jura (Dogger); 7 — Unterer Jura (Lias); 8 — Keuper

Baues, so liegt die Vermutung nahe, daß weiter nördlich von Chojnice immer höhere Glieder der Kreide auftreten, und daß in der Achse der Depression die Gesamtmächtigkeit der Kreideablagerungen etwa 1000 m erreichen dürfte.

Das durch eine Reihe Bohrungen veranschaulichte geologische Profil Piła-Chojnice (Schneidemühl-Konitz) zeigt, daß sich im Bereiche dieses Teiles des Pommerischen Antiklinoriums Achsen tektonischer Heraushebungen im Gebiete von Piła und Krajenka (Krojanke) und kleine, aber ausgeprägte Undulationen in der Gegend von Złotów (Flatow) abzeichnen. Auf Grund des gesamten Profils Piła—Łeba sollte die antiklinale Aufragung von Chojnice ebenfalls als dem Pommerischen Antiklinorium zugehörendes tektonisches Element angesehen werden.

In den letzten zwei Jahren wurden etwa 40 km nordwestlich von dem soeben besprochenen Profil sechs Bohrungen längs einer Linie niedergebracht, die die Struktur des Antiklinoriums quer durchschneidet und parallel zum Profil Piła-Chojnice liegt. Es sind dies vier Bohrungen der Erdölindustrie in der Umgebung von Czaplinek, nämlich Świerczyna (Groß-Linichen), Dębniewice (Eichenberg), Motarzewo (Wallbruch) und Jeziorna (Flacksee), sowie zwei weitere, die vom Geologischen Institut in Ciemino (Groß Zemmin) und Szczecinek (Neustettin) durchgeführt wurden. Mit Ausnahme der letzten wurden in allen Bohrungen verschiedene Glieder des Lias angetroffen. In der Bohrung Szczecinek wurde die Obere Kreide erreicht.

Die von den Geologen der Erdölindustrie und des Geologischen Institutes durchgeführte genauere Analyse der Bohrergebnisse zeigt deutlich, daß sich in diesem Profil zwei antiklinale Aufragungen abzeichnen, von denen die eine der der Aufragung von Piła und die andere der von Krajenka entspricht. Auch weiter nach Nordwesten zu läßt sich ein derartiger Bau des Antiklinoriums beobachten. Die Grundlagen für diese Folgerung sind jedoch nur schwach, denn sie stützen sich ausschließlich auf die Ergebnisse der vorjährigen seismischen Untersuchungen, die noch nicht vollständig ausgewertet sind. Indem ich jedoch von der Freundlichkeit der Geologen der Erdölindustrie Gebrauch mache, die mir gewisse Angaben mitteilten, gestatte ich mir, diese zu erwähnen.

Die Aufragung von Piła (Schneidemühl) würde danach ungefähr in Richtung auf die Bohrung Świerczyna (Groß-Linichen), weiter nach Łobez (Labes) und in der Folge gegen Nordwesten in die geologisch dokumentierte Antiklinale von Kamień (Cammin) verlaufen.

Die Aufragung von Krajenka würde sich in Richtung auf die Bohrung Jeziorna (Flacksee), nach Połczyn-Zdrój (Bad Polzin) erstrecken und weiter in die schon bekannte Antiklinale von Kołobrzeg (Kolberg) übergehen.

Bei dieser Darstellung des Baues sollte man beachten, daß das Maximum der Heraushebung des Antiklinoriums mit der Achse des Maximums der großen, langgestreckten positiven gravimetrischen Anomalie der Umgebung von Świdwin, die bisher ganz einfach als Achse des „Pommerischen Walles" angesehen wurde, zusammenfällt. Davon zeugt das Auftreten von Keuper zuoberst im mesozoischen Untergrunde sowie die im seismischen Profil Stargard—Koszalin (Köslin) beobachtete Aufragung. Sowohl in nordwestlicher als auch in südöstlicher Richtung von diesem Gebiet aus nimmt die Heraushebung des Antiklinoriums ab, und im Mesozoikum werden zuoberst keine älteren Ablagerungen als Lias angetroffen.

Die Aufragung von Koszalin (Köslin), in deren Achse Oberer Jura festgestellt wurde, sollte ähnlich wie die Aufragung von Chojnice in die Struktur des Pommerischen Antiklinoriums einbegriffen werden.

Die allgemeine NW—SE-Richtung des Antiklinoriums geht im nördlichen Teil, in der Gegend von Kamień Pomorski (Cammin i. Pomm.) mehr in eine E—W-Richtung über.

Nach der Darstellung von R. DADLEZ treten dort Störungen in Form von Sprüngen auf. Es wurden fast N—S-streichende Quersprünge festgestellt; das Auftreten einer an der südwestlichen Flanke des Antiklinoriums entlang laufenden Längsstörung ist ebenfalls sehr wahrscheinlich.

Zwischen Świdwin (Schivelbein) und Piła (Schneidemühl) sind sicherlich derartige Störungen gleichfalls anzutreffen. Durch die auf diesem großen Gebiet bisher verhältnismäßig geringe Zahl an niedergebrachten Bohrungen wurden jedoch keine eindeutigen Tatsachen gewonnen, die eine Bestätigung des Auftretens tektonischer Störungen gestatten würden. Dennoch ist, wie schon erwähnt, eine Verlängerung der Längsstörung aus dem Gebiet von Nowogard (Naugard) bis nach Piła (Schneidemühl) ziemlich wahrscheinlich.

Die Tatsache, daß in Ciemiń (Zemmin) der Obere Lias und 13 km weiter nordöstlich in Szczecinek die Obere Kreide angebohrt wurde, läßt im Vergleich mit den im Abschnitt Klukowo (Blankenfelde)-Chojnice (Konitz) (Profil Piła-Chojnice) gewonnenen Bohrergebnissen vermuten, daß südlich von Szczecinek (Neustettin) mit der Möglichkeit beträchtlicherer tektonischer Störungen zu rechnen ist. Gewisse Vorstellungen in dieser Hinsicht gibt uns auch die Interpretation der deutschen seismischen Fächeraufnahme. Das komplizierte Bild der gravimetrischen Regionalaufnahme deutet aber weiter darauf hin, daß die Kenntnisse über die Geologie dieses Teiles des Pommerischen Antiklinoriums, die im Ergebnis der Untersuchungen in den letzten Jahren große Fortschritte gemacht haben, noch sehr unvollständig sind.

Man kann hoffen, daß es bei weiteren konsequenten Bemühungen zum Ziele der Erforschung des geologischen Baues dieses Landesteiles schon bald möglich sein wird, eine Reihe der uns bisher drängenden Probleme positiv zu lösen, und zwar nicht nur rein wissenschaftliche, sondern auch praktische Probleme von wirtschaftlicher Bedeutung.

Literaturangaben werden nicht gemacht, da sich der Inhalt des Referates vor allem auf neues, bisher unveröffentlichtes Material stützt.

Ein spezielles Verzeichnis der bisherigen Literatur dieser Gebiete findet sich in den Aufsätzen von WŁ. POŻARYSKI und R. DADLEZ in der gleichen Nummer der Zeitschrift „Kwartalnik Geologiczny".

(Vortrag auf der wissenschaftlichen Sitzung des Geologischen Institutes in Warschau am 14. Dezember 1956)

Der Oertelsbruch bei Lehesten

(Eine lagerstättenkundliche Studie)

HEINZ PFEIFFER, Saalfeld

1. Einleitung

Eine kurze Darstellung der Geschichte des Oertelsbruches bei Lehesten, der größten deutschen Dachschiefergrube, hat keineswegs nur rein historisches Interesse. Die Auswertung der einen Zeitraum von über 100 Jahren umfassenden Entwicklung dieser Grube erweist sich auch heute noch als beachtenswert.

Die Schieferindustriearbeitet seit langer Zeit nur mit Erfahrungswerten. Das ist ein nicht vertretbarer Zustand. Die Planung der VE-Betriebe wird immer wissenschaftlicher durchgeführt und die alten Erfahrungswerte werden daher kritisch überprüft werden müssen. Über die Erarbeitung von Kennziffern wird weiter unten berichtet.

Die Dachschiefererzeugung Thüringens dürfte von ihren Anfängen an bis heute 3,5 Mio t Dach- und Tafelschiefer betragen. Der Oertelsbruch hat hierzu 1,4 Mio t, also rd. 40% der Gesamtmenge beigetragen.

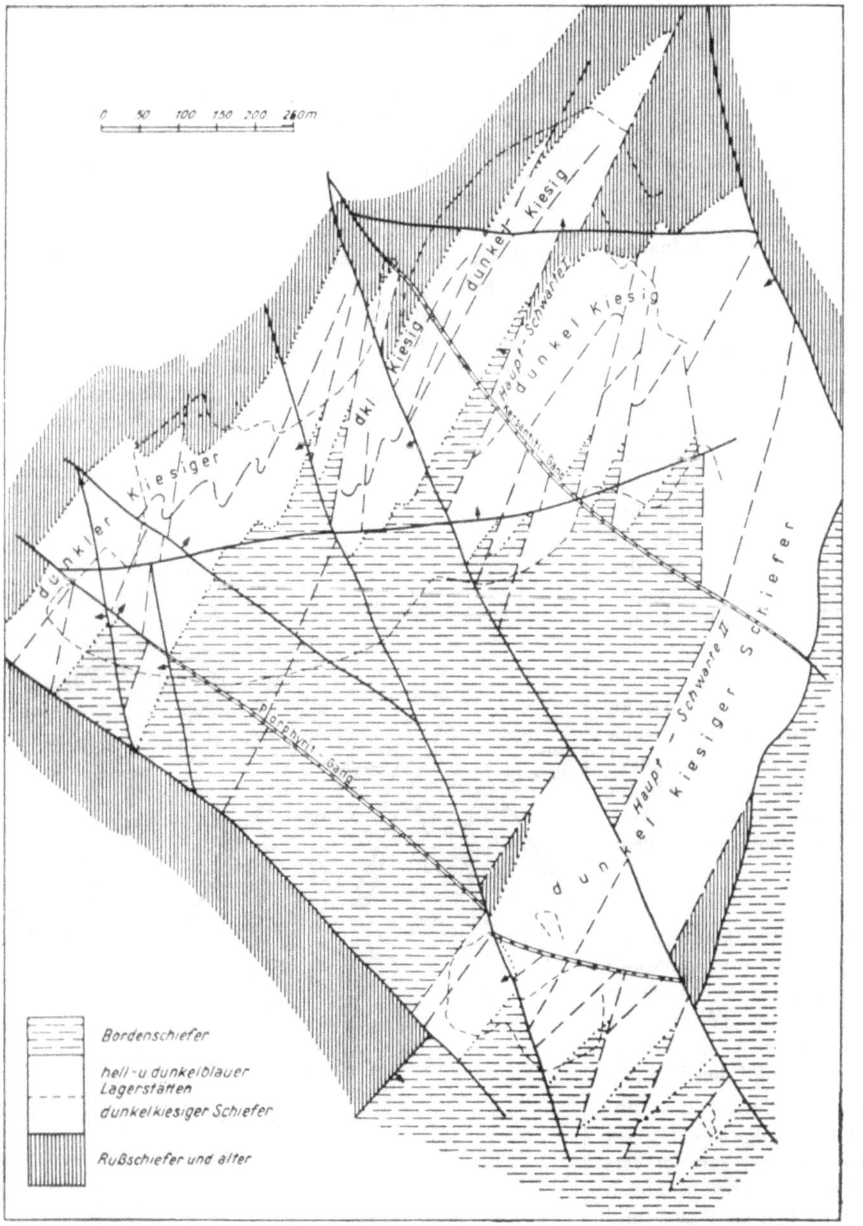

Abb. 1. Geologische Karte der Schmiedebacher Heide (Rekonstruktion)

Das vielfach zerschuppte Dachschieferlager bildet im ganzen gesehen infolge des Achsenfallens im NO-Teil des Feldes ein großes umlaufendes Streichen und schiebt nach SW unter eine große zentrale Bodenschiefermasse ein. Von den Querstörungen („Schrägen") und den streichenden Abscherungsbahnen („Schwarten") sind nur die wichtigsten angegeben.

2. Kurzer geschichtlicher Abriß

2. 1) Die Zeit der Kleinbetriebe

Die Schmiedebacher Heide war ein flacher Bergbuckel in der Frankenwald-Hochfläche, auf dem eine besonders große Anhäufung des eng gefalteten und verschuppten Dachschieferhorizontes des Unterkulm auf einer Fläche von fast 1 km² teils unmittelbar zutage ausstrich, teils in geringer Tiefe erschlossen werden konnte[1]) (s. Abb. 1). Anstelle der Bergkuppe tut sich heute ein fast 1000 m langer und mehrere 100 m breiter bis zu 100 m tiefer Tagebau auf. Er ist aus der Vereinigung einer Reihe kleiner, im vorigen Jahrhundert nach und nach unabhängig voneinander eröffneter Schieferbrüche entstanden. Wann der älteste Bruch eröffnet wurde, wissen wir nicht. Die ersten Nachrichten von 1709 — ein Rechtsstreit — geben eine ungenügende Ortsbeschreibung. Erstmals sicher wird der Bruch „Herkules" 1804/05 mit 705 bzw. 2511 Ztr. Dachschiefer erwähnt. Bis 1846 waren weiter entstanden: Thomasbruch mit Hauptmannsbruch sowie Mathesens-Glück mit Tillersbruch.

1849 tauchte ERNST OERTEL auf, der Schieferbergbau auf bayrischer Seite mit wenig Erfolg betrieben hatte und einige Kuxen am Hauptmannsbruch erwarb. 1861 war er Alleinbesitzer des Bruches. Durch die wirtschaftliche Entwicklung in der frühkapitali-

[1]) Karten und Profile hierzu bei ENGELS 1952, PFEIFFER 1955, 1956, 1957 und SCHWAN 1956.

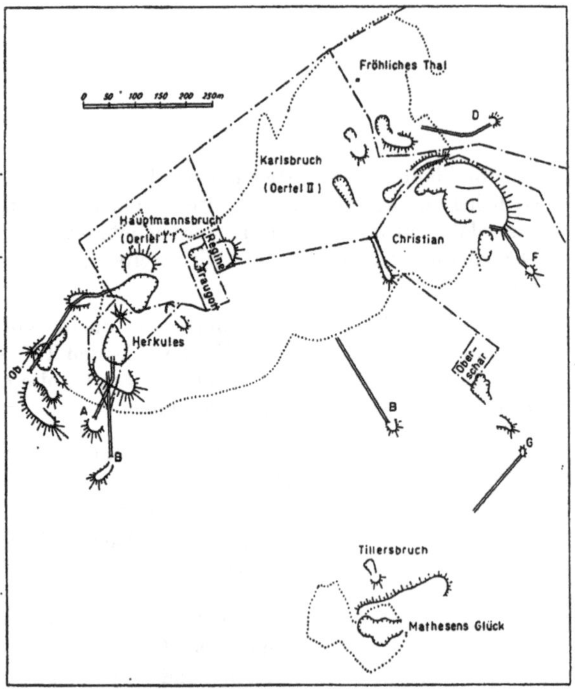

Abb. 2. Die Heide-Brüche im Jahre 1861 (n. d. Aufnahme v. Bergrat KRELL, Saalfeld)
Der heutige Tagebau-Umriß punktiert dargestellt

stischen Zeit waren bis 1858 weitere Brüche entstanden: „Traugott" mit „Regina", der Christiansbruch, das „Fröhliche Tal", der unbedeutende Oberschaar-Bruch und vor allem der Karlsbruch (Oertel II). Sie nahmen alle eine günstige Entwicklung, am günstigsten aber der Karlsbruch. ERNST OERTELs Sohn KARL schätzte die zukünftige wirtschaftliche Entwicklung richtig ein. Nicht nur, daß seine Mutung günstig war, wußte er darüber hinaus durch geschickte Abgrenzung der Mutungsfelder seine sämtlichen Nachbarn so zu isolieren, daß deren Felder nirgends gegenseitige Berührung haben konnten.

Den Nachbarbrüchen fehlten günstige Entwicklungsmöglichkeiten. Sie wurden nach und nach von OERTEL aufgekauft. Es begann 1873 mit dem Christiansbruch und Mathesensglück. Der Erwerb von „Traugott" (1874) beseitigte eine trennende Barriere. Auch im weiteren Umkreis wurden eine Anzahl Gruben erworben, doch nur um sie stillzulegen und die Arbeiter zu zwingen, im Stammbetrieb zu arbeiten.

2. 2) Die Zeit der Betriebskonzentration

Nach Erwerb der benachbarten Gruben konnten alle Feldesteile durch ein Abbausohlen-System miteinander verbunden werden. Die oberste oder Abraumsohle wurde infolge der Geländeform nur im SW-Teil des Bruches angelegt. Die folgenden Sohlen A—E führten vor dem Abbauen zu den Spalthütten und den Kippen.

In der Anfangszeit wurden die Schuttmassen unmittelbar neben den Abbauen wieder aufgeschüttet. Da die Erweiterung der Grube viel Haldensturzraum verlangte, entschloß sich OERTEL 1890, den 1500 m langen Rehbachstollen in ein Seitental treiben zu lassen und löste damit die Haldenfrage endgültig. Für die Wasserhaltung wurde zur gleichen Zeit im Niveau der späteren Sohle F der 950 m lange Oberschaarstollen angelegt, der auch heute noch seinen Zweck erfüllt. Schon vorher wurde durch den 500 m langen B-Stollen ein erster größerer querschlägiger Aufschluß durch die Lagerstätte geschaffen. Durch den B-Stollen wird heute noch gefördert.

2. 3) Die Periode der Krisen, des Tiefbaues und der Rekonstruktion

Der I. Weltkrieg und die Nachkriegszeit (Weltwirtschaftskrise 1929—1933) wirkten sich auf die Betriebsentwicklung ungünstig aus. Für großzügige Ausrichtungen im Tagebau fehlten sowohl Angaben über die Lagerstätte als auch die Mittel. Man wählte folgenden sicheren Weg: In der Rückwand des alten Karlsbruches waren die Leitschichten des Lagers gut zu verfolgen. Sie gingen stark überkippt in die Wand hinein. Ihnen folgte man bergmännisch und richtete das erste Tiefbaufeld ein. Für den Tiefbau lagen Erfahrungen von anderen Schiefergruben schon lange vor.

Der erste Rohstein aus dem Tiefbaufeld wurde 1927 gefördert. Der von der Witterung unabhängige Betrieb lieferte Rohmaterial, das weder durch Frost noch durch Austrocknung minderwertig war. Außerdem ließ man geringwertige Partien des Lagers in Pfeilern stehen. All das beeinflußte das Ausbringen in den Spalthütten beträchtlich. Trotz eines hochwertigen Produktes bei geringen Erzeugungskosten konnte der rücksichtslose Konkurrenzkampf nicht bestanden werden.

Während der Nazizeit, in der die Produktionsziffern wieder anstiegen, vor allem durch Kasernenbauten, konnte das erste Tiefbaufeld nicht mehr genügen und man mußte 1935 beginnen, das südwestliche Grubenfeld unter Tage auszurichten. Am 15. 10. 1943 ging das Unternehmen an die Scheinfirma „Steinbruchs-Verwertung" über, einem faschistischen Unternehmen, welches

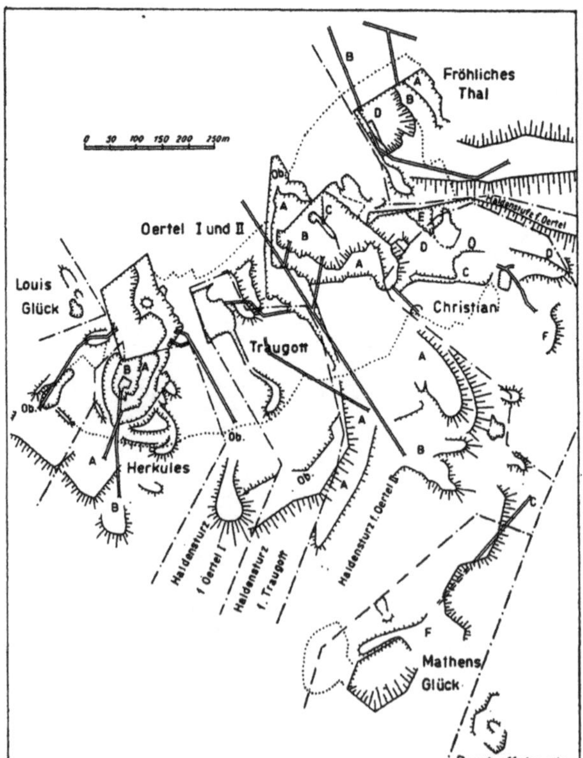

Abb. 3. Die Heide-Brüche im Jahre 1878/79 (n. d. Aufnahme d. Marksch. MARKERT, Saalfeld). Der heutige Tagebau-Umriß punktiert dargestellt

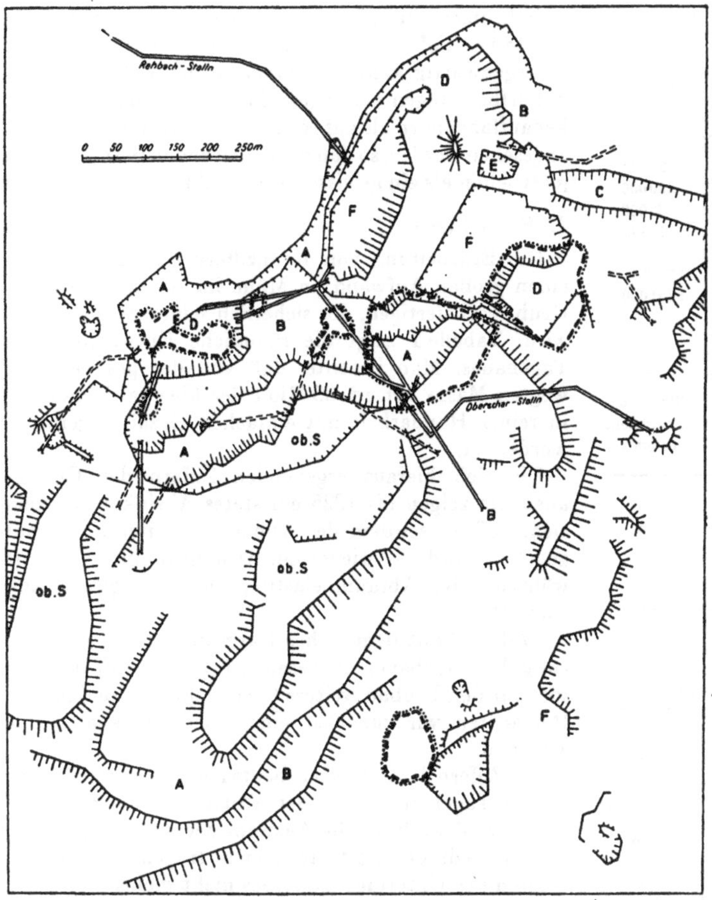

Abb. 4. Der Oertelsbruch um 1925 (nach d. Werksgrubenbildern)
Die Buchstaben bezeichnen die Abbausohlen. Die Weiterungen und Vertiefungen des Tagebaues nach dieser Zeit sind durch dickere kurze Striche gekennzeichnet.

in den größten Hohlbauen unter Tage ein Werk für V-Raketen errichtete.

Für die Schiefergewinnung blieb nur noch das alte Mathesens-Glück frei, welches nunmehr zu einem kleinen Ausweichbetrieb wurde, der heute noch als Lehrrevier läuft. Nachdem der Betrieb am 15. 9. 1948 als Schiefergruben Schmiedebach in Volkseigentum überführt wurde, stiegen die Förderziffern sehr rasch an. Ein Vorlauf an Vorrichtungsarbeiten konnte erst allmählich wieder erreicht werden, da mit steigender Planauflage der Abbau stets folgte, so daß heute die oberen Tiefbausohlen völlig abgebaut sind. In den unteren Sohlen F, G und neuerdings H sind in den letzten Jahren durch Bohrungen und Streckenauffahrungen noch unverritzte Lagerteile ermittelt worden, deren Abbau planmäßig fortschreitet. Die geologische Struktur des Feldes ist im großen und ganzen bekannt (PFEIFFER 1956) und besondere Veränderungen sind kaum noch zu erwarten.

3. Die Abbauentwicklung unter geologischen Gesichtspunkten

3. 1) Tagebau

Selbstverständlich hatte der Abbau an der Bergkuppe überall am Ausbiß des Lagersteins begonnen. Dieser bildet im Ganzen eine im NO umlaufende Mulde (Abb. 1), im Zentrum von Bordenschiefern bis 100 m Teufe ausgefüllt. Eine Reihe größerer Querverwürfe haben 5 Schollen entstehen lassen. In diesen entwickelten sich die kleinen Abbaue. Das Grubenbild von 1878/79 (Abb. 3) zeigt dabei die geologisch ungünstige Lage der nicht zu OERTEL gehörenden Gruben. Das „Fröhliche Tal" war nach NO durch die Ausmuldung des Lagers gehemmt, „Herkules" und „Traugott" konnten sich nur noch in arme, gestörte Lagerteile ausdehnen, sehr im Gegensatz zu OERTEL.

In früherer Zeit waren Lagerteile kurzerhand mit Halde bedeckt worden. Mangels genauer Kenntnisse über den Untergrund hat OERTEL im SW-Teil sogar größere Flächen ganz unnötig mit freilegen lassen.

Eine Arbeit, an die man ungern heranging, war der Abbau des von vielen kleinen Störungen durchzogenen Pfeilers zwischen „Traugott" und Karlsbruch. Der Durchbruch ist nie ganz zu Ende geführt worden und nur bis zur Sohle B gekommen.

Beim Durchbauen vom Karlsbruch zum „Fröhlichen Tal" und zu „Christian" und auch beim Niederarbeiten der Rückwände dieser Abteilungen hat man den anstehenden Rußschiefer auch verarbeitet und unter Ausnutzung der Konjunktur verkauft. Der hieraus gefertigte Schiefer war nicht nur minderwertig, sondern nach seiner Verwendung sogar gefährlich, da durch die Pyritzersetzung Schäden an den damit gedeckten Gebäuden auftraten.

Mit diesen Arbeiten und dem Niederbringen des Tagebaues bis zur Sohle F im Nordostteil waren die wesentlichen Umrisse des Tagebaues gegeben. Was nach 1925 in Erweiterung dieses Umfanges abgebaut wurde, zeigt Abb. 5 in starker Umrandung. Da nach und nach der Tiefbau mit Erfolg in Gang kam, hat man seitdem über Tage nur noch die erfolgversprechendsten Partien abgebaut. In ihnen geht auch heute noch Abbau um, welcher nicht unbeträchtliche Restpartien der Lagerstätten noch vor sich hat.

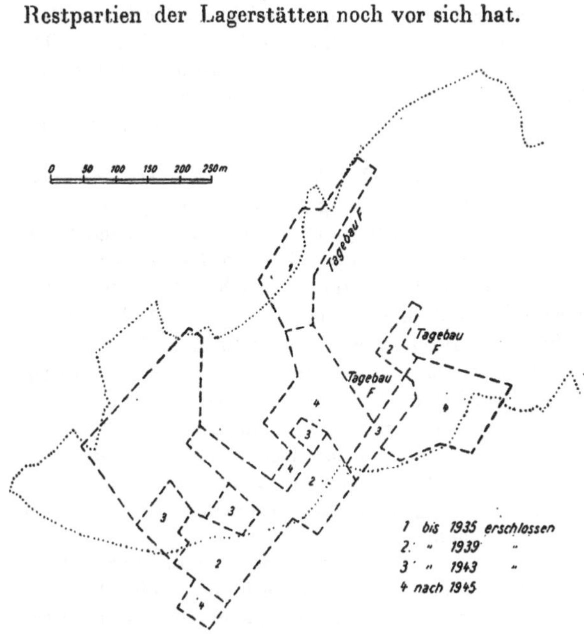

Abb. 5. Die Entwicklung der Tiefbausohle F, Schiefergrube Schmiedebach

Tabelle 1. Räumliche Entwicklung des Tagebaues

Zeitraum	Rauminhalt in T m³	Hilfsbaue (Stollen) in m	Bewegte Masse in t	Hiervon Abraum in t	Nettoproduktion in t
–1861	189	1165	500000	130000	31000
1861–1879	1757	1900	4700000	930000	290000
1880–1925	10111	3145	28000000	4700000	863000
1926–1947	813	400	2250000	580000	67600
Summe:	12870	6610	35450000	6340000	1251600

Tabelle 2. Gebirgsausbeute im Tagebau

Zeitraum	Ausbeute mit Abraum in %	Ausbeute ohne Abraum in %	Abraum Belastung m³/t Produktion	Strecken-Koeffizient in cm/t
–1861	6,0	8,2	1,5	3,5
1861–1879	6,2	7,7	1,2	0,6
1880–1925	3,1	3,7	2,0	0,3
1926–1958	3,0	4,1	3,3	0,5
Ø	3,5	4,3	1,9	0,5

Tabelle 3. Räumliche Entwicklung des Tiefbaues

Zeitraum	Strecken in m	Abbaue	Rauminhalt in m³	Masse in t	Nettoproduktion in t
1927–1936	1190	19	164100	450000	60000
1936–1939	3840	34	119000	330000	27000
1939–1943	2740	20	74000	200000	16000
1946–1957	2660	43	293000	800000	60800
Summe:	10430	116	650100	1780000	163800

3. 2) Tiefbau

Der Ansatz des ersten Tiefbaufeldes im Karlsbruch ergab sich fast von selbst. Das Feld lieferte ein hervorragendes Betriebsergebnis. Daß dieses das für den Schieferbergbau überhaupt erreichbare Optimum darstellte, wußte man allerdings noch nicht, als man 1935 anfing, die unter der zentralen Bordenmulde stehenden Lager zu erkunden. Es wurden genauere Profile angefertigt und vor allem eine kleine Craelius-Kernbohrmaschine angeschafft.

Der streichend nach SW angesetzte F-Stollen[2]) traf die erwartete Fortsetzung der Lager an, jedoch auch ebenso viele Verwürfe („Schrägen"), die man eigentlich von Tage her hätte ableiten können. Es gab Schwierigkeiten bei der Ausrichtung. Es fehlte eben doch eine genaue Vorstellung über die Tektonik des Dachschiefers.

Bis 1939 hatte man zügig das Tiefbaufeld 2 auf Sohle F erschlossen. Da die weiteren Bohrergebnisse günstig waren, wurden im SW auch im alten „Herkules" auf den Sohlen D und B Hohlbaue aufgefahren.

Zuletzt teufte man zur Tiefbausohle G in der Annahme, daß auf den höheren Sohlen alles erkundet sei, bis ein Rüstungswerk aller bergmännischen Tätigkeit ein Ende machte.

Die wissenschaftliche Bemusterung der Lagerstätte, seit 1951 vorwiegend vom Verf. durchgeführt, ergab auf allen Sohlen noch Ansatzmöglichkeiten zu Streckenauffahrungen bis hinab zur jüngsten Tiefbausohle H, die 180 m tief unter der ehemaligen Bergkuppe steht.

Gegenwärtig kann das Stadium der Erkundung der Schürfbohrungen als abgeschlossen und das der Streckenauffahrungen als auf restliche Strukturen beschränkt angesehen werden, so daß die vorliegenden Betrachtungen jetzt schon als ein gewisser Abschluß zu betrachten sind.

4. Kennziffern

Die Erarbeitung von Kennziffern dürfte wohl auch einen großen Aufwand an Mühe im Archiv wie in der Grube rechtfertigen, der sicherlich seine Früchte tragen wird. Tabelle 1 zeigt die räumliche Entwicklung des Tagebaues. Man beachte, daß von der gesamten bewegten Masse von rd. 35 Mio t der überwältigende Teil in reiner Handarbeit mit einfachen Gezähen gefördert worden ist.

Die sich hieraus ergebenden Ziffern der Gebirgsausbeute zeigen bis 1925 ein stetes Absinken. Es zeigt sich, daß — seitdem der Abbau in breiter Front aufgegeben wurde — wieder ein Ansteigen eingetreten ist, während die Abraumbelastung der Fertigware konstant stieg.

Während mit dem bisher Dargestellten die Analysierung des Tagebaues im wesentlichen erschöpft ist, kommen für den Tiefbau weitere Gesichtspunkte in Betracht. Betrachten wir zunächst eine Übersicht analog dem Tagebau.

Die Ziffern der Gebirgsausbeute liegen wesentlich höher als im Tagebau. Neben der Wetterunabhängigkeit ist dies vor allem durch die Auswahl der weniger gestörten Blöcke bedingt. Gestörte Zonen tragen die höheren Kosten des Untertage-Betriebes nicht mehr.

Mit einer Ausbeute von 11,4% und einem ganz geringen Auffahrungsfaktor steht das Tiefbaufeld 1 weit vorn. Noch höhere Ausbeuten wurden zwar auch auf anderen Schiefergruben erzielt, erforderten aber, wie im vorliegenden Falle, höhere Streckenauffahrungen. Erstmals treten hier Kernbohrungen auf. Der Belastungskoeffizient zum Fertigprodukt erscheint zwar gering, darf aber nicht vernachlässigt werden, da für zukünftige Erschließungen immer mehr Erkundungsbohrungen erforderlich werden.

Die im Oertelsbruch angesetzten untertägigen Abbaue sind in Größe und Ausbeute sehr unterschiedlich gewesen (PFEIFFER 1957). Der Abbau hat auch bei gründlichster Erkundung immer noch einen Unsicher-

Tabelle 4. Gebirgsausbeute im Tiefbau

Zeitraum	Ausbeute in %	Auffahrungs-Koeffizient cm/t	Bohr-Koeffizient cm/t
1927–1936	13,3	2,0	0,3
1936–1939	7,3	14,5	8,3
1939–1943	8,0	17,2	0,2
1946–1957	7,6	4,7	1,6
Ø	9,2	10,45	2,4

Tabelle 5. Prozentuale Verteilung der Abbaue nach Größe

1. Mammut-Baue	> 15000	m³ Raum	=	8%
2. Sehr große Baue	– 15000	„ „	=	11%
3. Große Baue	– 10000	„ „	=	17%
4. Mittlere Baue	– 5000	„ „	=	25%
5. Kleine Baue	– 2000	„ „	=	19%
6. Versager	– 1000	„ „	=	20%

[2]) Ein Längsschnitt davon ist wiedergegeben bei PFEIFFER 1955 und SCHWAN 1956.

Abb. 6. Der mittlere Teil des Tagebaues (Bereich des ehem. Karlsbruches) um 1935
In der Rückwand im Hintergrund sind die Öffnungen der ersten untertägigen Abbaue erkennbar.

heitsfaktor. Tabelle 5 zeigt die Aufteilung der Abbaue nach Rauminhalt.

Die Versager-Baue sind nicht über das Stadium der Vorrichtung hinausgekommen. Von 116 Stück sind 23 Versager. Sie machen wegen ihrer kleinen Dimensionen zwar nur 2% der im Tiefbau geschaffenen Weitungen aus, belasten aber die Finanzen der Grube erheblich. Um 5 Abbaue betreiben zu können, muß ein sechster vergeblich vorgerichtet werden. Das Verhältnis liegt allerdings infolge der komplizierten Tektonik im Oertelsbruch besonders hoch.

Abb. 7. Teil der fast 100 m hohen Rückwand des früheren Karlsbruches mit dem Eingang zum 1. Tiefbaufeld
Die beiden fast söhlig verlaufenden, durch kleine Verwürfe mehrmals unterbrochenen Leitschichten des blauen Lagersteins sowie der fast senkrecht stehende Kersantitgang sind deutlich sichtbar. In der oberen Hälfte des Karlsbruches die alten mit der Keilhaue handgeschrammten Teile der Rückwand, darunter die später maschinell geschrammten etwa 4 m hohen Stufen der Rückwände dieses Jahrhunderts.

Der Normal-Abbau mit 400 m² bergbehördlich erlaubter Grundfläche, die übrigens eine willkürliche und durch keinerlei Gebirgsdruckuntersuchungen begründete Ziffer ist, besteht somit nur in der Theorie. Er soll mit 5000 m³ Rauminhalt etwa 1300 t Dachschiefer liefern, das sind 9,4% Ausbeute. In der Praxis rechnet man aber nicht so, sondern mit dem Zwischenprodukt, dem R o h s t e i n, der im Abbauraum bei der Scheidung vom Unbrauchbaren entsteht und der in den Spalthütten zum Endprodukt verarbeitet wird. Im Oertelsbruch hat man aus dem Rohstein ein Ausbringen von 36—38%, eine gute Durchschnittsziffer für den ganzen Schieferbergbau. Für 1300 t Fertigware sind aus der Grube somit über 3300 t Rohstein zu liefern, das macht rd. 25% vom Anstehenden aus. In der Praxis drückt man dies im Steinverhältnis aus, das hier 1 : 3 beträgt. Es fallen also überall beträchtliche Bergemassen an, denn die Ziffer 1 : 3 liegt normalerweise etwas unter dem Durchschnitt, der sonst nach 1 : 2 hinneigt.

Betrachtet man die Abbaue nach ihrer Ausbeute, so ergibt sich von den Mammut-Bauen ab eine fallende Kurve. Es ist den Schieferleuten schon lange bekannt, daß e i n solcher Abbau gegebenenfalls monatelang die Produktion einer Grube sichern kann, während die kleineren Baue nach unten immer schwankender in ihrer täglichen Ausbeute werden.

Tabelle 6. Anteil der Abbaue an der Endfertigung

1. Mammut-Baue	28%
2. Sehr große Baue	27%
3. Große Baue	23%
4. Mittlere Baue	15%
5. Kleine Baue	5%
6. Versager	2%

Aus diesem Verhältnis (Tab. 6) ergibt sich, daß die Abbaue 1 und 2 zusammen 55% der Gesamtproduktion bei nur ein Fünftel der Gesamtvorrichtungskosten liefern. Das restliche Fünftel Produktion aber hat vier Fünftel der Vorrichtungskosten verschlungen.

Gewiß vermag heute eine sorgfältige Bemusterung und Stoßaufnahme manche Fehlvorrichtung zu verhindern, aber auch zukünftige Planaufstellungen sollten diese von der Natur gegebenen Verhältnisse nicht übersehen.

Schließlich wäre noch einiges über die Abbauverluste im Tiefbau zu sagen. In Pfeilern und Schweben, in den begrenzten Möglichkeiten mit der Abbauführung allen verwickelten Verfaltungen und Verschuppungen des Lagers folgen zu können, liegen große ewige Abbauverluste.

Exakt ließen sich diese Zahlen am Tiefbaufeld 1 berechnen. Hier sind die begrenzenden Störungen und das Faltenbild genau bekannt, und zerrüttete Zonen, die sich meist nur ungenau ausblocken lassen, fehlen fast ganz. Der markscheiderisch genau berechnete Lagerstätteninhalt hinter der alten Rückwand des Karlsbruches

betrug	497295 m³,
der Rauminhalt der 19 Abbaue	164163 m³.

Damit ergibt sich ein Abbauverlust zu rund 67%.

Da das Feld 60000 t Dachschiefer ergab, sind weitere 120000 t Produkt unwiederbringlich verloren. Der Hauptgrund lag hier darin, daß es auch mit Unterwerksbau nicht gelang, die mächtig ausgebauchte Mulde zu erfassen.

Denkt man sich die Gesamtmasse durch Erweiterung des Tagebaues verlustlos freigelegt, kommt man zu folgenden Zahlen:

Überlagernder Abraum (Rußschiefer), Masse	1350000 m³
Freigelegter Block, Endprodukt	180000 t
Abraumbelastung pro t (vgl. Tab. 1 u. 2)	7,5 m³
Wahrscheinliche Dauer der Abraumarbeit	13 Jahre
Dauer der tatsächlich durchgeführten untertägigen Aus- und Vorrichtung	4 Jahre
Kosten des Abraums (vor 1939)	2,012 Mio RM
Kosten der tatsächlichen Tiefbauvorrichtung	0,101 Mio RM

Bei so eindeutigen Zahlen würde man auch heute nicht anders handeln. In Zukunft muß unbegründetes Kalkulieren durch wohlüberlegtes Planen abgelöst werden.

Literatur

ENGELS, B.: Zur Tektonik des Dachschiefers im Thüringer Wald. — GEOLOGIE, Beih. 1, Berlin 1952.

Festschrift OERTEL, Jubiläumsschrift anläßlich des 100. Geburtstages von KARL OERTEL (1925).

PFEIFFER, H.: Fachkunde für den Schieferbergbau. — Fachbuchverlag, Leipzig 1955.

— Die Tektonik des Dachschiefers im Ostthüringer Schiefergebirge. — GEOLOGIE, Jg. 4, Heft 7/8, S. 615—640, Berlin 1955.

— Ergebnisse von Kernbohrungen im Dachschiefergebiet von Lehesten/Th. — Z. angew. Geol., Jg. 2, H. 4, S. 149—153, Berlin 1956.

— Über das Problematische des Schieferbergbaues. — Z. angew. Geol., Jg. 3, H. 11/12, S. 558—563, Berlin 1957.

SCHWAN, W.: Die Frankenwälder Querzone. — Abh. Deutsch. Akad. Wiss. Abh. z. Geotektonik Nr. 9, Berlin 1956.

UDLUFT, H.: Die Thüringischen Dachschiefer und der Dachschieferbergbau. — Z. Berg-Hütten u. Salinenwesen, Jg. 84, H. 11, S. 504—5011.

ZIMMERMANN, E.: Geol. Karte von Pr. Blatt Lehesten m. Erläuterungen Berlin 1910.

Biogeochemische Methoden der Erkundung von Erzlagerstätten[1]

A. P. WINOGRADOW & D. P. MALJUGA

Die Erkundung von Erzlagerstätten durch die Gehalte des einen oder anderen chemischen Elementes in Böden und Pflanzen beruht auf gut bekannten Faktoren bedeutender Konzentrationen von Elementen in diesen Böden und Pflanzen. Man kann zwei grundlegende Formen der Konzentration von Elementen in Pflanzen unterscheiden:

1. Alle Pflanzen sind durch erhöhte Konzentrationen des einen oder anderen chemischen Elementes charakterisiert. Die Böden und Gesteine dieses Gebietes zeigen ebenfalls größere Anreicherungen. In diesem Falle reichert sich die entsprechende Komponente in den Zellen der Pflanzen an.

2. Unter der Vielzahl der Pflanzen zeigen nur bestimmte Arten eine außergewöhnlich hohe Konzentration bestimmter Elemente. Als Beispiel kann man hier bekannte Arten der Zn-, Li-, Al- und anderer analoger Floren anführen.

Die hohe Konzentration bestimmter chemischer Elemente in Böden ist nicht immer ausschlaggebend für erhöhte Konzentrationen in Pflanzen. Der Prozeß ist viel komplizierter und vielfältiger. In Bereichen von Erzlagerstätten kann man nicht selten spezifische Pflanzen in bestimmter Anordnung beobachten. Man kann hier von einer gewissen Biozönose typischer Pflanzen sprechen. Häufig beobachtet man auch eine örtliche Veränderlichkeit der Pflanzen in ihrer Form, die sich schon an den Einfluß des Erzelementes „gewöhnt" haben. Als Beispiele kann man hier Linosyris villosa Z., Pulsatilla patens Z. Mill. und eine Reihe anderer Arten anführen, die auf Peridotitmassiven mit Ni-Silikaterzen im Mittel- und Südural bestimmte Formen annehmen und als Indikator der Ni-Vererzung dienen.

[1] Aus: Die geochemische Erkundung der Erzlagerstätten in der UdSSR — Arbeiten der ersten Allunionskonferenz über geochemische Erkundungsmethoden von Erzlagerstätten; Moskau 1957.
Vorliegender Artikel wurde als Vortrag auf dem XX. Internationalen Geologenkongreß in Mexiko gehalten.

Gebiete, in denen man ähnliche biologische Reaktionen in der Pflanzendecke beobachtet, die das Resultat einer übermäßigen (oder zu geringen) Konzentration bestimmter Elemente im Gestein oder im Boden sind, bezeichnen wir als biogeochemische Provinzen. Im Bereich dieser Provinzen beobachtet man biogeochemische Veränderungen der Flora (und Fauna) und auch häufig spezifische Erkrankungen der Pflanzen und Tiere.

Bei der Erkundung mit biogeochemischen Methoden beschränken wir uns darum nicht nur auf die Untersuchung des einen oder anderen chemischen Elementes im Boden und in den Pflanzen, sondern untersuchen die Gesamtheit aller Anzeichen und spezifischen Merkmale der Flora des Gebietes.

Eine systematische Untersuchung der Zusammensetzung der Pflanzen, verschiedener Böden und deren einzelnen Horizonte, sowie die Beweglichkeit der Ionen verschiedener Elemente der Biosphäre zeigte, daß die biogeochemische Methode der Erkundung mit Erfolg auf Ni, Co, Cu, Cr, Mo und einige andere Metalle angewendet werden kann. Für sehr verbreitete Elemente, wie Mg, Si usw., sowie Elemente, die in der Biosphäre in der Regel keine natürlichen Lösungen bilden, z. B. Zr, Ti, Th und andere, ist diese Methode nicht anwendbar, weil diese Lösungen von den Pflanzen nicht aufgenommen werden. Sehr effektive Resultate erhält man mit der biogeochemischen Methode bei der Erkundung von Lagerstätten des Se, Cr, Co, Ni, Cu, Zn, Mo, Ag, Sn, Au, Pb, V und Hg, weil diese Elemente leichtbewegliche einfache und komplexe Ionen bilden.

Verschiedene Pflanzen und verschiedene Teile selbiger, Wurzeln, Blätter und Äste, zeigen häufig verschiedene Konzentrationen bestimmter Elemente. In der Regel sind solche Pflanzen, die eine intensive Wasserverdunstung haben und sehr tief wurzeln, gute Objekte für die Untersuchung verschiedener Elemente. Bei unseren Untersuchungen verwendeten wir gewöhnlich nur Gräser oder Laub und Nadeln von den Bäumen. Nicht selten fixierten wir in der Asche von Pflanzen bestimmte Konzentrationen von Erzelementen, die höher lagen als die in den örtlichen Böden.

Wie weiter unten gezeigt wird, geht die Anhäufung des einen oder anderen chemischen Elementes in den Pflanzen und Böden parallel. In Abhängigkeit vom Typ des Bodens kommt es nicht selten zu größeren Konzentrationen in bestimmten Bodenhorizonten. Wir haben Bestimmungen in folgenden Bodentypen durchgeführt: Podsol, Bleicherden, Schwarzerden, braune Waldböden, Grauerden und in subtropischen Gelberdeböden. Man kann in der Regel sagen, daß die Böden der ariden Gebiete nur schwach ausgelaugt werden. Die Auslaugung der Metalle aus den oberen Schichten dieser Böden ist folglich sehr gering, und die Proben können den oberen Schichten des Bodens entnommen werden. Für die Probenahme genügen die obersten 15–20 cm des Bodens.

Die Schwarzerdeböden werden stärker ausgelaugt und es gibt daher große Unterschiede in der Konzentration einzelner chemischer Elemente im vertikalen Bodenprofil. In dieser Bodenart haben wir die Proben aus den oberen, stark humusführenden Horizonten entnommen.

Bei den Böden humusführender Gebiete, insbesondere Podsol-, graue und braune Walderden, sowie aus den südlichen Gebieten der Gelberdeböden kann die obere nicht humusführende Schicht sehr arm an Metallen sein, wobei es aber in dem darunterliegenden Horizont zu einer größeren Konzentration von chemischen Elementen kommen kann. Die Proben müssen in diesem Fall aus dem illuvialen Horizont genommen werden. Es zeigte sich bei Untersuchungen im südlichen Teil des Urals, im Kaukasus und in Tuwa, daß man sehr scharf begrenzte Horizonte abtrennen kann. Es handelt sich hier um Metalle wie Co, Ni, Cu, Mo, Cr und U, die sehr gut in der obersten Humusschicht angereichert auftreten, während die Zwischenhorizonte arm an Metallen sind, was als Resultat der Auslaugung zu betrachten ist.

Die Migration chemischer Elemente über Erzzonen

Die erhöhten Konzentrationen von Erzelementen in Böden und Pflanzen liegen im Streuungsbereich eines Erzkörpers oder einer Lagerstätte.

Die mechanische Streuung des Erzmaterials spielt nicht selten eine große Rolle, wobei chemische und biogeochemische Prozesse den mechanischen Vorgang noch überlagern. Diese beiden Prozesse führen zur Migration des einen oder anderen chemischen Elementes in Form von Lösungen und Gasen. Bei günstigen geologischen und klimatischen Bedingungen steigen die Lösungen in zerklüfteten Gesteinen und Poren auf und erreichen dabei die Erdoberfläche. Streuungsaureolen dieser Art wurden von uns in Gebieten von Nickel- und Chromlagerstätten des südlichen Urals beobachtet.

Sehr breite Streuungsaureolen geben Elemente, deren Ionen im Bereiche der Biosphäre sehr beweglich sind und besonders diejenigen, die sekundäre Lagerstätten bilden, z. B. U, Ni, Co, Zn, Cu und Se. Das geochemische Verhalten einzelner oder paarweise auftretender Elemente, wie Ni und Co, Zn und Cd, — in der Zone der Hypergenese — ist die Grundlage für die Erkundung von Erzen mit der biogeochemischen Methode.

Die Probenahme und die Methoden der Feldanalysen

Die biogeochemischen Erkundungsmethoden zeigen besonders gute Resultate in Gebieten mit ebenem Relief, Tälern, flachen Hängen und Hügeln, die von rezenten oder älteren Ablagerungen bedeckt sind.

Tabelle 1. Der Gehalt an Ni, Co und Cu bei normalen Pflanzen und ihren Formen auf einer Ni-Lagerstätte (% in der Asche)

Bezeichnung	Ni	Co	Cu
Anemone patens (normal)	$7{,}8 \cdot 10^{-4}$	$2{,}6 \cdot 10^{-4}$	$1{,}3 \cdot 10^{-3}$
Pflanze auf Ni-Lagerstätte	$3{,}1 \cdot 10^{-2}$	$1{,}2 \cdot 10^{-3}$	$1{,}0 \cdot 10^{-2}$
Linosyris villosa (norm.)	$1 \cdot 10^{-3}$	–	–
Pflanze auf Ni-Lagerstätte	$2{,}2 \cdot 10^{-2}$	$2{,}6 \cdot 10^{-3}$	$1 \cdot 10^{-2}$
Pulsatilla patens (norm.)	$6 \cdot 10^{-4}$	–	–
Pflanze auf Ni-Lagerstätte	$3{,}7 \cdot 10^{-2}$	–	–
Pulsatilla patens (verkrüppelte Form auf Ni-Lagerstätte)	$2{,}5 \cdot 10^{2}$		

Die biogeochemische Methode erfordert eine gewisse Kenntnis der Geologie, der Hydrogeologie, des Klimas, der Böden und der Flora des Untersuchungsgebietes. Zu Beginn der Arbeiten ist eine rekognoszierende Abprobung der Böden und der Pflanzen in 2–3 Profilen erforderlich. Anschließend wird das gesamte zu untersuchende Gebiet nach der Quadratmethode abgeprobt. Das Quadratnetz wird auf der 1 : 10000-Karte festgelegt. Der Abstand zwischen den Profilen beträgt bei diesem Maßstab 100–200 m. Der Abstand der Proben auf dem Profil beträgt 5–20 m. Die Bodenproben werden aus der Ackerkrume entnommen. Die Art der Probenahme wird experimentell bestimmt. Probenmaterial entnimmt man von Teilen der Pflanzen (Blätter, Äste, Wurzeln usw.), die die größten Konzentrationen besitzen. Bei der Analysierung im Felde wendet man die chemische, die polarographische und die Spektralmethode an.

Die Resultate der biogeochemischen Erkundung

In den letzten Jahren arbeiteten wir bei der Erkundung mit der biogeochemischen Methode unter verschiedenen Bedingungen in drei Gebieten der Sowjetunion, im Kaukasus, im Mittel- und Südural und in Tuwa. Bei der Erkundung legten wir uns auf U, Ni, Co, Cu, Cr, Pb, Zn, Mo und andere Elemente fest. In dieser Arbeit betrachten wir hauptsächlich die Untersuchungen im Ural und in Tuwa.

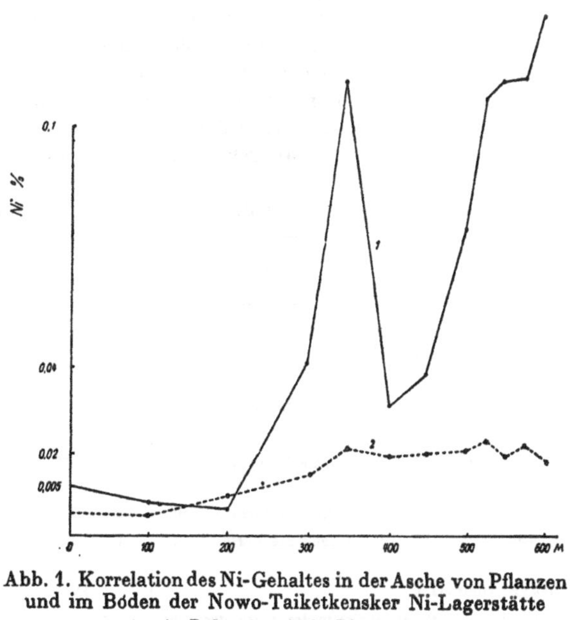

Abb. 1. Korrelation des Ni-Gehaltes in der Asche von Pflanzen und im Boden der Nowo-Taiketkensker Ni-Lagerstätte
1 – im Boden, 2 – in der Pflanzenasche

Tabelle 2. Die Verteilung der Ni-, Co- und Cu-Gehalte auf verschiedenen Bodenhorizonten der Nowo-Taiketkensker Ni-Lagerstätte

Boden und seine Herkunft	Horizont und Tiefe in cm	Gehalt im trockenen Boden			Ni:Co	Ni:Cu	Clarke-Konzentration*)		
		Co	Ni	Cu			Co	Ni	Cu
Hellbrauner Ton von Gabbro-Amphiboliten außerhalb des Erzfeldes	A 0–10	$3{,}0 \cdot 10^{-3}$	$1{,}3 \cdot 10^{-2}$	$3{,}0 \cdot 10^{-3}$	4,3	4.3	3	3	3
	B 10–30	$3{,}0 \cdot 10^{-3}$	$1{,}3 \cdot 10^{-2}$	$9{,}0 \cdot 10^{-3}$	3,5	1,4	4	3	4
	C 30–40	$3{,}7 \cdot 10^{-3}$	$1{,}4 \cdot 10^{-2}$	$7{,}6 \cdot 10^{-3}$	4,7	1,8	3	4	4
Ton aus 3 km Entfernung vom Erzfeld	A 0–10	$6{,}8 \cdot 10^{-3}$	$5{,}7 \cdot 10^{-2}$	$9{,}6 \cdot 10^{-3}$	10	6	6	14	5
	B 35–45	$3{,}9 \cdot 10^{-3}$	$5{,}7 \cdot 10^{-2}$	$6{,}0 \cdot 10^{-3}$	14	10	4	14	3
	C 45–55	$4{,}0 \cdot 10^{-3}$	$5{,}7 \cdot 10^{-2}$	$6{,}2 \cdot 10^{-3}$	14	9	4	14	3
Dunkelbrauner Ton vom Erzfeld	A 0–17	$2{,}3 \cdot 10^{-2}$	$3{,}5 \cdot 10^{-1}$	$1{,}0 \cdot 10^{-2}$	15,2	35	23	90	5
	B 17–34	$1{,}2 \cdot 10^{-2}$	$2{,}6 \cdot 10^{-1}$	$6{,}4 \cdot 10^{-3}$	12,5	40	12	60	3
	C 34–44	$5{,}8 \cdot 10^{-3}$	$1{,}2 \cdot 10^{-1}$	$3{,}0 \cdot 10^{-3}$	20	40	6	30	2

*) Darunter versteht man nach V. J. VERNADSKIJ den Gehalt des Elementes in Pflanzen im Verhältnis zum Clarke der Lithosphäre. Im gegebenen Falle sind die Clarke-Konzentrationen ausgerechnet aus dem Verhältnis zum mittleren Gehalt an Metallen in gewöhnlichen Böden, und zwar für Ni 4.10^{-3}, Co 1.10^{-3}, Cu 2.10^{-3}.

Im Erzgebiet des Südurals liegt die Kempirsaisker Lagerstätte mit Nickelsilikat-, Chromit- und Kupfererzfeldern. Viele dieser Lagerstätten sind gut durch Bohrungen erkundet. Dieser Faktor gestattet uns, die Ergebnisse der biogeochemischen Methode mit den Resultaten der Bohrungen zu vergleichen. Zu Vergleichszwecken wurden die Lagerstätten von Nowo-Taiketkenskij, Tschugaiewskij und Promeshutotschnij-Ni-Lagerstätte im Bereiche des Kempirsaisker Erzgebietes und später die Viktorowskoe Chromit-Lagerstätte und die Cu-Lagerstätten Ju-Juluk und Bakr-Usjak untersucht.

1. Kempirsaisker Erzfeld

Die Lagerstätte liegt in einer alten Verwitterungszone des Kempirsaisker Peridotit-Massivs. Die verwitterte Oberfläche des Serpentinits und die nicht veränderten Gesteine sind mit bunten Tonen und Mergeln verschiedener Mächtigkeit bedeckt. Die Mächtigkeit schwankt zwischen 1–15 m. Das Gebiet der Lagerstätte liegt 420–450 m ü. NN. Der Grundwasserspiegel liegt bei 20–30 m unter der Oberfläche, und es sind Fälle bekannt, wo er tiefer als das Erz liegt. Die ultrabasischen Gesteine sind häufig von Gabbro-Amphiboliten überlagert und fast völlig kaolinisiert. Das Vorhandensein von festen und weniger festen Gesteinen stört die ruhige Lage des Erzes. Durch diesen Faktor werden auch die taschenförmigen Erzlagen verschiedener Mächtigkeit erklärt. Zum geologischen Aufbau des Kempirsaisker Gebietes gehören auch kretazische und tertiäre sedimentäre Ablagerungen, wie bunte Tone, Mergel und Sande. Über diesen Gesteinen, die mit Gabbro-Ocker und ausgelaugten Serpentiniten wechsellagern, bildeten sich dunkelbraune, braune und andere Böden.

Die Flora im Bereiche des Erzfeldes ist im Vergleich zu den nichterzführenden Gebieten recht artenarm. Unter den Pflanzen trifft man krankhafte Erscheinungen (Salvia dumertorum, Galatella punctata u. a.). Pulsatilla patens (L.) Mill. zeigt besondere Formen. Die Farbe der Blüten und die Form der Blätter ist auffallend. Besonders stark veränderte Formen trifft man über Nickellagerstätten bei Linosyris villosa. Diese Pflanze ist in der Süduralsteppe weit verbreitet und stellt 1–10% der Flora dieser Steppe dar.

Die veränderten Formen dieser Pflanzen enthalten hohe Konzentrationen von Ni, Co und Cu. In der Tabelle 1 ist der Grad der Konzentrationen in diesen Pflanzen aufgeführt, die auf dieser Lagerstätte wachsen.

a) Die Nowo-Taiketkenskijer Nickellagerstätte gehört zu dem Kempirsaisker Peridotitmassiv und liegt im nördlichen Teil des Gebietes von Aktjubinsk. Im Bereiche der Lagerstätte herrschen Serpentinite vor. Die ultrabasischen Gesteine sind an vielen Stellen von Gabbro-Amphiboliten überlagert, die vollständig kaolinisiert sind. Über diesen Gesteinen bildet sich die Bodendecke aus. Das Erz liegt in einer Tiefe von 10 bis 15 m, aber das Grundwasser liegt 10–30 m tiefer als das Erz. Das Gestein ist auf Grund seiner hohen Durchlässigkeit ständig durch das Aufsteigen von Lösungen in den Kapillaren mit der oberen Bodenschicht verbunden. Im Profil und in den Pflanzen kommt es zu einer bedeutenden Konzentration von Metallen (Tabelle 2 und 3).

Durch die Vielzahl der Bestimmungen von Ni, Co und Cu im Boden und in den Pflanzen zeigte sich, daß

Tabelle 3. Die Gehalte und Verhältnisse von Co, Ni und Cu in der Pflanzenasche der Nowo-Taiketkensker Ni-Lagerstätte

Name der Pflanze und Ort des Wachstums	Gehalt in der Asche in %			Ni : Co	Ni : Cu	Clarke-Konzentration		
	Co	Ni	Cu			Co	Ni	Cu
Stipa Johannis Czel. auf Gabbro-Amphiboliten in 500 m Entfernung vom Erzfeld	$1{,}3 \cdot 10^{-4}$	$5{,}9 \cdot 10^{-4}$	$8{,}6 \cdot 10^{-4}$	4,5	1	1	1	1
Stipa Johannis Czel., Erzfeld	$2{,}6 \cdot 10^{-4}$	$2{,}1 \cdot 10^{-3}$	$2{,}0 \cdot 10^{-3}$	9	1	1	3	3
Avena desertorum mit Gabbro-Amphiboliten	$3{,}2 \cdot 10^{-4}$	$2{,}0 \cdot 10^{-3}$	$1{,}6 \cdot 10^{-3}$	6	1,5	1	2,7	1
Avena desertorum, Erzfeld	$3{,}5 \cdot 10^{-4}$	$9{,}0 \cdot 10^{-3}$	$1{,}0 \cdot 10^{-3}$	26	9	1,5	13	1
Pulsatilla patens (L. Mill.), normale Form, Gebiet der Lagerstätte	$2{,}6 \cdot 10^{-4}$	$7{,}8 \cdot 10^{-4}$	$1{,}3 \cdot 10^{-3}$	3	1	1	1	2
Pulsatilla patens (L. Mill.), endemische Form, Erzfeld	$0{,}1 \cdot 10^{-3}$	$2{,}5 \cdot 10^{-2}$	$8{,}0 \cdot 10^{-3}$	27	3	4	36	12
Pulsatilla patens (L. Mill.), endemische Form (weiß), Erzfeld	$1{,}4 \cdot 10^{-3}$	$3{,}7 \cdot 10^{-2}$	$1{,}3 \cdot 10^{-2}$	26	3	6	53	20
Linosyris villosa (L.)	$1{,}7 \cdot 10^{-3}$	$1{,}9 \cdot 10^{-2}$	$8{,}3 \cdot 10^{-3}$	11	1,5	7	27	14

Die mittleren Metallgehalte in der Asche der üblichen Gräser betragen bei Co $2{,}4.10^{-4}$%, Ni 7.10^{-4}% und Cu $1{,}4.10^{-3}$%.

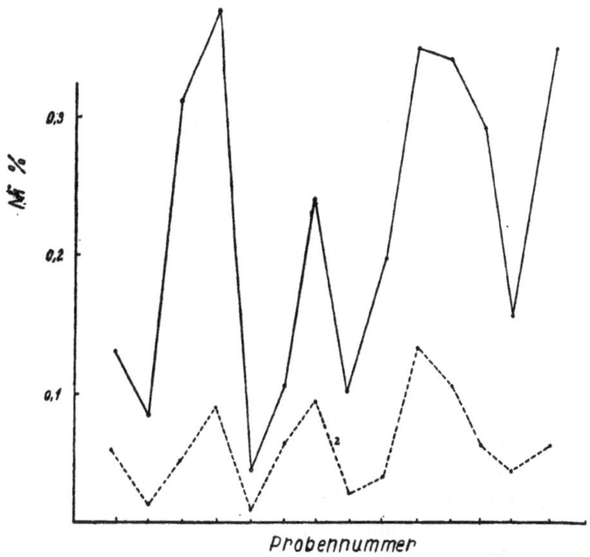

Abb. 2. Korrelation des Ni-Gehaltes in der Asche von Pflanzen und im Boden der Tschugajewsker Ni-Lagerstätte
1 – im Boden, 2 – in der Pflanzenasche

die Gehalte dieser Elemente in den Pflanzen proportional den Gehalten im Boden sind (Tab. 2, 3 und Abb. 1).

Als wichtiger Indikator einer Nickelvererzung gilt das Verhältnis Ni : Co, welches 20—27 im Boden wie auch in der Asche der Pflanzen erreicht. Dieses Verhältnis ist charakteristisch für Nickelerze, die mit ultrabasischen Gesteinen verbunden sind. In anderen Fällen, z. B. in Tuwa, ist das Verhältnis Ni : Co anders. Damit soll zum Ausdruck gebracht werden, daß das Verhältnis zweier ähnlicher Elemente bei der biogeochemischen Erkundung eine bedeutende Rolle spielt.

b) Die Tschugajewsker Nickellagerstätte. Nach seinem Charakter erinnert das Gebiet der Lagerstätte an Nowo-Taiketkenskij. Die Flora zeigt teilweise eine morphologische Veränderung der Formen, die eine hohe Konzentration an Nickel und anderen Metallen aufweisen. Die Korrelation des Nickels ist auch in diesem Gebiet sehr gut ausgeprägt (Abb. 2).

Auf der Grundlage der vielen Bestimmungen wurde eine Karte der Verbreitung der Elemente Ni, Co und Cu im Boden wie auch in den Pflanzen aufgestellt. Das Verhältnis Ni : Co im Boden schwankt von 9—26 (im Mittel ungefähr 20), in den Pflanzen (Linosyris villosa) von 4—16 (im Mittel ungefähr 12). Aus den Angaben über die Gehalte an Cu in der Asche von Pflanzen folgt, daß sich das Verhältnis Ni : Cu zugunsten der Anreicherung von Cu in den Pflanzen im Verhältnis zum Boden verändert (im Boden im Mittel Ni : Cu 20, in den Pflanzen Ni : Cu 3).

Die Erfahrungen, die man beim Herauslösen der Metalle Ni, Co und Cu aus dem Boden machte, wobei man mit verschiedenen Lösungsmitteln arbeitete (H_2O, 5% NH_4Cl, 2% HCl), zeigten, daß das Cu am leichtesten herausgelöst werden kann. Nach Co folgt dann Nickel. Diese Untersuchungen ergaben, daß Cu und Co sehr leicht bewegliche Komponenten sind und Ni bedeutend stärker im Boden und Gestein fixiert ist. In den Pflanzen reichert sich ebenfalls mehr Co und Cu als Ni an.

c) Promeshutotschnijer und Kempirsaisker Nickellagerstätte. Im Bereich dieser Lagerstätten wurden Perspektivflächen untersucht. Es zeigte sich jedoch bei der Analyse der rekognoszierenden Probenahme, daß die Ni-Gehalte im Boden sehr niedrig waren ($5 \cdot 10^{-2}$%). Die angefertigte Karte der Gehalte an Ni, Co und Cu ergab in diesem Gebiet keine wirtschaftlichen Konzentrationen. Diese Analyse wurde durch Bohrungen bestätigt.

2. Die Wiktorowskoer Chromitlagerstätte

Sie gehört zum Chromitgebiet des Südurals (Gebiet von Aktjubinsk). Die Bildung des Erzes ist hier mit chromreichen Dunit-Serpentiniten verbunden. Fast die gesamte Fläche wird von mesozoischen Sedimentgesteinen sowie von dichten, kaum veränderten Chromitblöcken, die wiederum von stark verwitterten Serpentiniten umgeben sind, überlagert. Die Lagerstätte hat eine völlig glatte Oberfläche. Der Grundwasserspiegel befindet sich 20 m unter der Erdoberfläche. Ein bedeutender Teil des Erzkörpers liegt in der Zirkulationszone der unterirdischen Wässer. Jedoch enthalten die Wässer im Erz nur $1 \cdot 10^{-6}$% Cr.

Auf der gesamten Fläche wurde eine systematische Probenahme der Pflanzen und Böden durchgeführt, die auf Cr analysiert wurden.

Es stellte sich heraus, daß die Konzentration von Cr in den Pflanzen sehr bedeutend war. In der Asche der Pflanzen und in den Bodenproben stellten wir

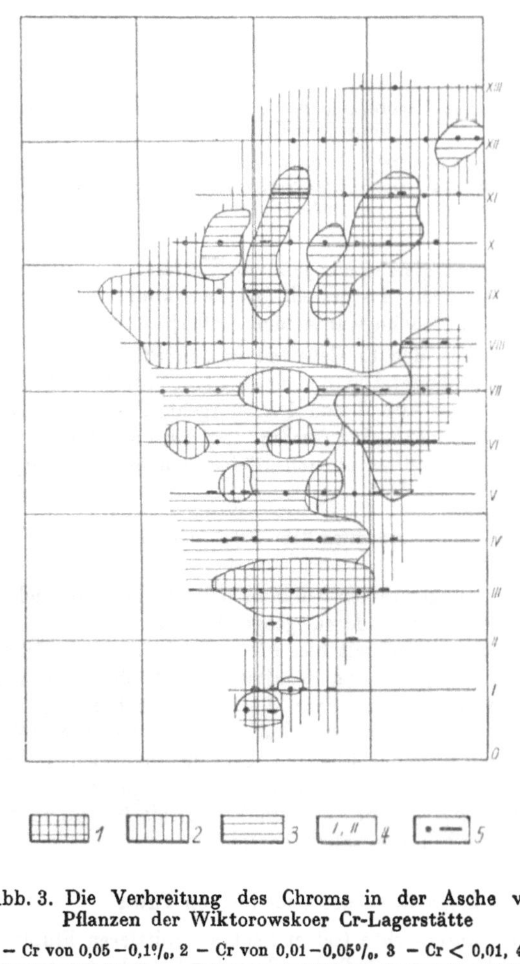

Abb. 3. Die Verbreitung des Chroms in der Asche von Pflanzen der Wiktorowskoer Cr-Lagerstätte
1 – Cr von 0,05–0,1%, 2 – Cr von 0,01–0,05%, 3 – Cr < 0,01, 4 – Geologisches Profil, 5 – Bohrungen und Schürfe (Probenahmepunkte)

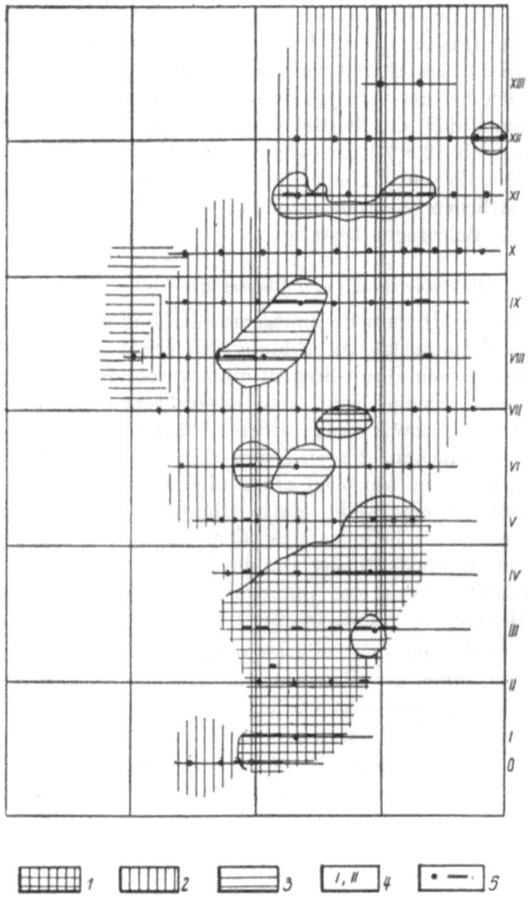

Abb. 4. Die Verbreitung des Chroms im Boden der Wiktorowskoer Cr-Lagerstätte

1 – Cr von 0,1–0,15%, 2 – Cr von 0,05–0,1%, 3 – Cr von 0,01 bis 0,005%, 4 – Geologisches Profil, 5 – Bohrungen und Schürfe (Probenahmepunkte)

annähernd gleiche Mengen von Cr fest, was im Falle von Ni nicht festgestellt werden konnte (der Ni-Gehalt im Boden war immer größer).

Zwischen den Cr-Gehalten in den Pflanzen und im Boden beobachtet man auch eine sehr gute Korrelation, die aus den Abb. 3 und 4 hervorgeht. Festgestellt hat man auch, daß eine Verbindung zwischen hohen Cr-Gehalten in Pflanzen und Böden und dem Erzkörper besteht (Abb. 5).

3. Die Kupferlagerstätten Bakr-Usjak und Jushnij Juluk im Südural

Diese Lagerstätten befinden sich nördlich der Nickelgebiete unter anderen geographischen Bedingungen. Die Steppe wechselt hier oft in Wald über. In Übereinstimmung mit den Resultaten der Probenahme enthalten die Böden über den Lagerstätten ungefähr 10^{-2}% Cu und annähernd die gleichen Gehalte stellte man auch in den Pflanzen fest, die in diesem Gebiet wuchsen. Bei Cu haben wir also die gleiche Gesetzmäßigkeit, wie wir sie beim Verhältnis Ni : Cu in Ni-Lagerstätten festgestellt hatten.

4. Die Lagestätten des Gebietes von Tuwa

Das untersuchte Gebiet liegt am mittleren Flußlauf des Elegest im nördlichen Teil des Vorgebirges an der Grenze zwischen den West- und Ost-Tannu-Ola. Geomorphologisch ist es ein Mittelgebirgsgebiet mit einer großen Anzahl von Bergen, die durch Täler und steile Abhänge getrennt sind. Der größte Teil des Gebietes ist mit diluvialen und alluvialen Ablagerungen bedeckt, und eine visuelle geologische Untersuchung ist sehr schwierig.

Geologisch ist das Gebiet durch folgende Gesteine charakterisiert: kambrische Effusiva und effusiv-sedimentäre Gesteine des oberen Silurs und unteren Devons. Im Bereich dieses Gebietes liegt der Kern einer Antiklinale, die aus tiefkambrischen Effusiven und frühkaledonischen Granitintrusionen besteht. Mit den kaledonischen Intrusionen ist eine Reihe von Sulfid-Arsenid-Lagerstätten von Ni, Co und Cu verbunden. Die obersilurischen Sedimentgesteine lagern diskordant auf den unterkambrischen Effusiven. Im unteren Teil der Sedimente überwiegen die Sandsteine mit Zwischenschichten von Alevroliten und karbonatischen Gesteinen. Die Karbonate sind häufig in Skarne verwandelt. Der obere Teil ist durch rote Sandsteine und Konglomerate charakterisiert, auf denen dann der Ackerboden lagert.

In der trockenen Jahreszeit ist das Gebiet ohne Wasser. Der Grundwasserspiegel liegt sehr tief. Ein Heraustreten des Grundwassers an die Oberfläche ist nicht zu beobachten. In der Zone des Dauerfrostbodens, an der Nordseite der Berge, beobachtet man Tauwässer über dem gefrorenen Teil des Bodens. Dieses Wasser tritt mitunter als Quellwasser an die Oberfläche.

Die biogeochemischen Untersuchungen wurden im Gebiete des Flusses On-Kashaa auf einer Länge von mehr als 10 km durchgeführt. Das Vorhandensein von Brüchen und anderen tektonischen Störungen wies auf die Möglichkeit des Auftretens von endogenen Lagerstätten.

Der Boden dieses Gebietes war nicht genauer untersucht. Er zeichnete sich durch eine große Vielfältigkeit aus: von Torf-, Bergtundra- bis zum braunen Steppenboden. Die Ungleichmäßigkeit des Bodens ist durch das Gebirgsrelief bestimmt. An den Südhängen der Berge reicht der Steppenboden bis zu bedeutenden Höhen. Die Nordhänge hingegen sind durch graue Bergwald- und Podsolböden charakterisiert.

Auf den Südhängen wächst Getreide, während die Nordhänge vorwiegend mit Laubwald bewachsen sind. Der größte Teil der Steppe am Fluß On-Kashaa, wo die

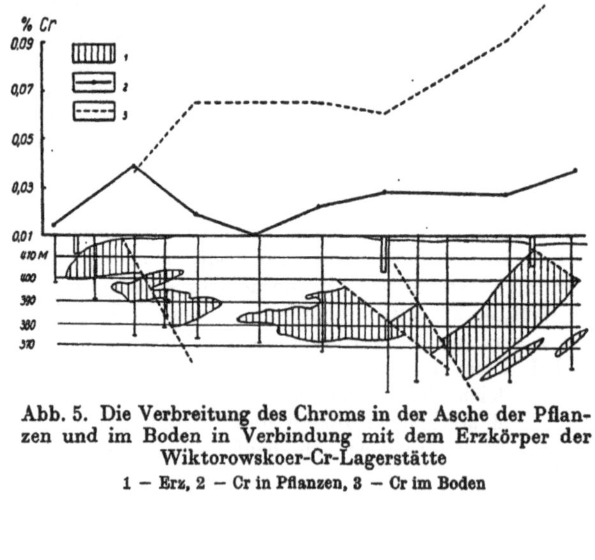

Abb. 5. Die Verbreitung des Chroms in der Asche der Pflanzen und im Boden in Verbindung mit dem Erzkörper der Wiktorowskoer-Cr-Lagerstätte

1 – Erz, 2 – Cr in Pflanzen, 3 – Cr im Boden

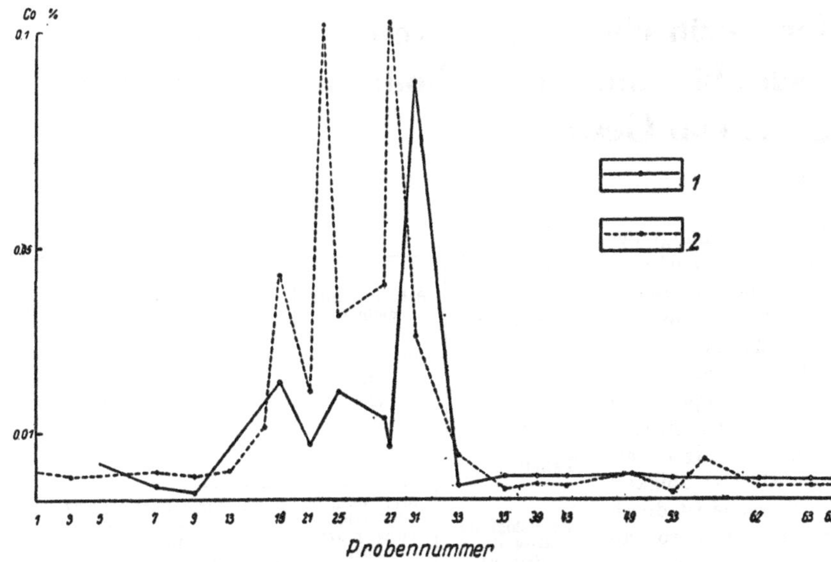

Abb. 6. Der Co-Gehalt im Boden und in der Pflanzenasche im Südgebiet (Tuwa)
1 – Co in der Pflanzenasche, 2 – Co im Boden

Untersuchungsarbeiten durchgeführt wurden, ist mit Stipa capillata, Caragana spinosa, Caragana pygmalea und anderen Pflanzen bewachsen.

Auf den Halden alter Schächte trifft man eine kennzeichnende Flora. Die Pflanzen der Halden heben sich durch ihre helle grüne Farbe von dem gelbgrauen Ton der Steppe ab. Unter diesen Pflanzen findet man immer Gypsophilla patrinii, Silene Jeniseensis und andere. Die Zugehörigkeit der Gypsophilla und anderer Pflanzen zu Cu-Erzen wurde mit Erfolg bei den Erkundungsarbeiten am Flusse On-Kashaa ausgewertet.

Untersucht wurden drei Gebiete: a) der Südteil der Sulfid-Arsenid-Ni-Lagerstätte und der Lagerstätten anderer Metalle, die in Gängen auftreten und die steilen Südhänge schneiden; b) das Nordgebiet mit Sulfid-Arsenid-Gangvererzung im Waldbezirk der NE-Hänge dieser Berge, und c) das Gebiet längs des Flusses On-Kashaa mit Cu-Vererzung.

Die Proben von Braunerde im Südteil zeigten in einer Reihe von Profilen bedeutende Ni-, Co- und Cu-Gehalte. Der Gehalt an Co schwankte im Boden zwischen $1 \cdot 10^{-3}$ und $1 \cdot 10^{-1}$ %.

Für Nickel betragen die Schwankungen $4 \cdot 10^{-4}$ bis $1{,}9 \cdot 10^{-1}$ %; Cu liegt im Bereich von $1 \cdot 10^{-3}$ bis $2 \cdot 10^{-1}$ %. Erhöhte Konzentrationen von Ni, Co und Cu wurden auch in den Steppengräsern über den Erzkörpern festgestellt. In der Asche der Pflanzen lagen die Mittelwerte der Gehalte bei Co $7 \cdot 10^{-3}$ %, Ni $8 \cdot 10^{-3}$ % und Cu $4 \cdot 10^{-2}$ %. Dabei ist zu bemerken, daß die Gehalte des Co in der Asche der Pflanzen parallel denen des Bodens verlaufen (siehe Abb. 6). Diese Ergebnisse zeigten, daß sich der Erzkörper in der Nähe der Oberfläche befindet (1–5 m). Das Verhältnis Ni : Co im Boden und in den Pflanzen ist annähernd 1, im Unterschied zu den vorher betrachteten Ni-Silikatlagerstätten.

In den dunkelgrauen Bergwaldböden des nördlichen Gebietes wurden ebenfalls große Gehalte an Ni, Co und Cu festgestellt. Die Gehalte des Co schwankten von $6 \cdot 10^{-4}$ bis $1{,}9 \cdot 10^{-1}$ %, Ni von $6 \cdot 10^{-4}$ bis $2 \cdot 10^{-1}$ % und Cu von $1 \cdot 10^{-3}$ bis $2{,}5 \cdot 10^{-1}$ %.

In der Asche der Blätter und Nadeln der Bäume des Nordgebietes lagen die Gehalte des Co im Mittel bei $3{,}8 \cdot 10^{-3}$ %, des Ni bei $8 \cdot 10^{-3}$ % und des Cu bei $4{,}7 \cdot 10^{-2}$ %. Das Verhältnis Ni : Co war genauso wie in den Böden und Pflanzen des Südsteppengebietes.

Im Tale des Flusses On-Kashaa wurden nach den Resultaten der Probennahme neue Cu-Vererzungen festgestellt.

Schlußfolgerungen

Wir hatten die Möglichkeit, die biogeochemische Erkundungsmethode in den verschiedensten Gebieten mit unterschiedlicher Geologie und unterschiedlichem Klima zu kontrollieren. Die Untersuchungsgebiete waren der Mittel- und Südural, Transbaikalien, Kaukasus und Tuwa. Die Methode zeigte gute Erfolge auch dort, wo das Gebiet von einer mächtigen Bodenschicht, Moränengeröllen oder Sanden der Wüsten und Halbwüsten bedeckt war. Weite Ebenen mit einer mächtigen Verwitterungskruste, breite Flußtäler, flache Hänge von Hügeln und Bergen und Waldungen sind Gebiete, in denen man mit Erfolg die biogeochemische Methode der Erkundung anwenden kann.

Die Erkundung wurde auf Ni, Co, Cu, Cr, Pb und Mo ausgeführt. In allen Fällen wurden erhöhte Konzentrationen in Böden und auch in Pflanzen festgestellt. Wenn die Metallgehalte in Pflanzen das Zehnfache der gewöhnlichen Konzentration zeigen oder die Gehalte der Böden weit über dem Zehnfachen gegenüber den normalen Gehalten liegen, so können wir auf eine für die Praxis interessante Mineralisation schließen. Die größte Konzentration an Metallen konnte in mehrjährigen, tiefwurzelnden Gewächsen mit großer Wasserverdunstung festgestellt werden. Unter allen Bedingungen zeigte es sich, daß es notwendig ist, die Bodenproben von der oberen Humusschicht zu entnehmen oder Proben aus verschiedenen Horizonten in Abhängigkeit vom Charakter des Bodens. In vielen Fällen wurden veränderte Formen charakteristischer Pflanzen festgestellt, die auf dem Gebiet der Erzlagerstätte wuchsen.

Für die geologische Interpretation der Resultate der biogeochemischen Erkundung ist das Verhältnis von Ni : Co und anderer geochemischer Paare im Boden und in den Pflanzen von großer Bedeutung.

In Lagerstätten von Nickelsilikaten (Südural) ist das Verhältnis Ni : Co im Boden und in den Pflanzen gleich 15–20, gegenüber dem normalen Verhältnis von 4. In den Sulfid-Arsenid-Lagerstätten von Tuwa beträgt dieses Verhältnis 1–2. In beiden Fällen charakterisiert das anormale Ni-Co-Verhältnis einen bestimmten Typ der Vererzung und kann ohne weiteres als Erkundungsmerkmal ausgewertet werden.

Bei der Anwendung der biogeochemischen Methode taucht die Frage der Tiefe der Mineralisation auf. Unsere Erfahrungen zeigen, daß man Erzlager bei günstigen Bedingungen bis zu einer Tiefe von 50 m feststellen kann. Als Mittelwert kann man 10–15 m annehmen.

Die biogeochemische Erkundungsmethode ist im Komplex mit anderen Erkundungsmethoden zu empfehlen.

Der Einfluß der spezifischen Menge von Gußschrot auf der Bohrlochsohle und die Methode zur Bestimmung der Bohrfähigkeit von Gesteinen[1)]

N. I. LJUBIMOW & W. I. MOROSOW

Wie viele Untersuchungen gezeigt haben, hängt der Bohrfortschritt mit einem beliebigen Bohrwerkzeug von dessen Verschleißfestigkeit, von den physikalischen Eigenschaften des Gesteins und vom Bohrregime ab. Werden solche hoch verschleißfesten Materialien wie Diamanten oder Stahlschrot zum Bohren verwendet, so vergrößert sich der Bohrfortschritt fast proportional der Erhöhung der Umdrehungszahl und des Druckes.

Beim Bohren mit Gußschrot, einem weniger verschleißfesten Bohrmaterial, ist diese Gesetzmäßigkeit nicht so deutlich ausgeprägt. Diese Tatsache ist durch eine Vielzahl von Bohrversuchen mit Gußschrot an verschiedenen Gesteinen und unter wechselnden technischen Bedingungen bewiesen worden. Diese Versuche wurden vom WIMS durchgeführt.

Die Ergebnisse dieser Untersuchungen sind in den Tab. 1 und 2 angeführt. Ein Granit wurde mit 188 U/min bei einem spezifischen Druck von 30 kg/cm² gebohrt; die erhaltenen Kennwerte sind in der Tab. 1 aufgeführt.

Von N. I. KULITSCHICHIN und B. I. WOSDWISHENSKIJ[2)] wird hervorgehoben, daß der Schrotverbrauch je Zeiteinheit um so höher ist, je effektiver das Gestein gebohrt wird. Aus der Tab. 1 ist ersichtlich, daß es eine Grenze für die spezifische Menge Schrot unter der Bohrkronenfläche gibt, oberhalb derer eine Vergrößerung des Schrotverbrauches in der Zeiteinheit keine Erhöhung des Bohrfortschrittes hervorruft (Abb. 1). Im dargestellten Fall wirkt sich der Überschuß an Schrot (bei > 200 g pro cm² Bohrkronenfläche) negativ auf den Bohrfortschritt aus. Offensichtlich stellt eine Schrotmenge von rund 200 g pro cm² der Bohrkronenfläche das Optimum beim Bohren von granitischen Gesteinen dar und gibt die Möglichkeit, einen höheren Bohrfortschritt zu erreichen.

Die folgenden Versuche zeigten, daß die Optimalnorm für die Schrotmenge bei den einzelnen Gesteinsklassen mit ihren bestimmten physikalisch-mechanischen Eigenschaften unterschiedlich ist. So wurden z. B. für Labradorit der Bohrfähigkeitsklasse VIII die höchsten Kennwerte und der geringste Schrotverbrauch bei einer spezifischen Schrotmenge von 100 g pro cm² der Bohrkronenfläche erreicht (Tab. 2).

Ausgehend von den optimalen spezifischen Normen für die Schrotmenge je cm² Bohrkronenfläche kann man angenähert unter Berücksichtigung eines möglichen Schrotverlustes in Klüften und Gesteinshohlräumen die erforderliche Schrotmenge auf der Bohrlochsohle berechnen, bei der sich ein maximaler Bohrfortschritt ergibt (Tab. 3).

[1)] Aus Raswedka i ochrana nedr, Gosgeoltechisdat, H. 1, Moskau 1959.
[2)] Erkundungsbohrungen. Gosgeolisdat. 1949, 381 S.

Tabelle 1

Schrotmenge pro cm² Bohrkronenfläche g	Durchmesser der Bohrkrone mm					
	91			110		
	Bohrmarsch mm	Bohrfortschritt mm/min	Schrotverbrauch g/h	Bohrmarsch mm	Bohrfortschritt mm/min	Schrotverbrauch g/h
100	143	2,5	940	193	5,0	1450
150	200	5,1	1750	205	7,3	2380
200	203	7,0	2220	195	7,5	3850
250	205	6,2	2650	202	6,9	4250

Tabelle 2

Schrotmenge pro cm² Bohrkronenfläche g	Bohrfortschritt mm/min	Schrotverbrauch g/h	Bemerkungen
100	13,4	945	Bohrkronen-
200	12,6	1690	Durchmesser
250	12,3	1230	75 mm

Tabelle 3

Bohrfähigkeitsklasse des Gesteins	Spez. Norm der Bohrschrotmenge pro cm² Bohrkronenfläche g	Durchmesser der Bohrung (mm)			
		130	110	91	75
		Erforderliche Menge an Gußschrot g			
VIII	100	2800	2300	1700	1300
IX	150	4200	3500	2500	2000
X	200	5600	4600	3400	2700
XI	250	7000	5700	4200	3300
XII	300	8400	6900	5100	4000

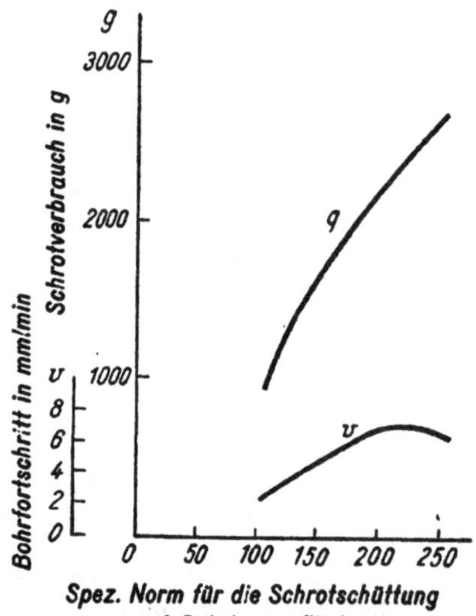

Abb. 1

Um die für eine Bohrtour erforderliche Menge an Schrot zu bestimmen, muß die reine Bohrzeit berücksichtigt werden. In neuerer Zeit hat in der Praxis des Kernbohrens ein kombiniertes Verfahren der Schüttung von Schrot auf die Bohrlochsohle Anwendung gefunden, bei dem im Verlauf einiger Zeit (30—45 Minuten) nach der Schüttung der ersten Schrotmenge in Höhe von 3 bis 8 kg (in Abhängig-

Tabelle 4

Umfangsgeschwindigkeit m/sek	Spez. Druck kg/cm²	Bohrfortschritt für verschiedene Gesteinsklassen mm/min											
		VII		VIII		IX		X		XI		XII	
		tatsächlich	berechnet	tatsächlich	berechnet	tatsächlich	berechnet	tatsächlich	berechnet	tatsächlich	berechnet	tatsächlich	berechnet
0,45	15	–	8,26	–	4,59	2,7	2,55	1,5	1,42	0,8	0,79	0,46	0,44
	30	–	13,69	–	7,61	4,2	4,23	2,3	2,35	1,3	1,31	0,72	0,73
	45	–	18,39	–	10,22	5,7	5,68	3,15	3,16	1,75	1,76	0,97	0,98
0,70	15	–	11,39	–	6,33	3,2	3,52	1,8	1,96	1,0	1,09	0,56	0,61
	30	–	14,40	–	8,0	5,0	4,46	2,8	2,48	1,5	1,38	0,86	0,77
	45	–	20,08	–	11,16	6,7	6,20	3,7	3,44	2,0	1,91	1,15	1,06
1,75	15	–	17,29	–	9,61	5,0	5,34	2,8	2,97	1,5	1,65	0,86	0,92
	30	–	27,8	–	15,48	7,7	8,6	4,3	4,78	2,4	2,66	1,33	1,48
	45	–	36,9	–	20,5	10,6	11,4	5,9	6,37	3,3	3,54	1,82	1,97

keit von der Gesteinsklasse) eine weitere Schrotmenge von 0,5 bis 1,0 kg hinzugegeben wird. Dieses Verfahren gestattet, einen konstanten Bohrfortschritt einzuhalten und den Bohrmarsch je Tour zu erhöhen.

Wie aus den Ergebnissen der vom WIMS durchgeführten Untersuchungen hervorgeht, erhöht die Anwendung der kombinierten Schüttung von Schrot in das Bohrloch bei Eisenquarziten der XI. Gesteinsklasse den Bohrfortschritt gegenüber dem diskontinuierlichen Verfahren der Schrotschüttung um 25 bis 30%. Die besten Bohrergebnisse für diese Gesteine wurden bei einer erstmaligen Schrotschüttung von 4 bis 6 kg mit nachfolgenden Schrotschüttungen von je 1–1,5 kg nach 30–40 Minuten reiner Bohrzeit erhalten.

Das kombinierte Schüttungsverfahren für Schrot gibt die Möglichkeit, die reine Bohrzeit pro Schicht zu erhöhen (von 220 auf 260–300 Minuten) und die mittlere Geschwindigkeit des Bohrfortschrittes je Zeiteinheit zu

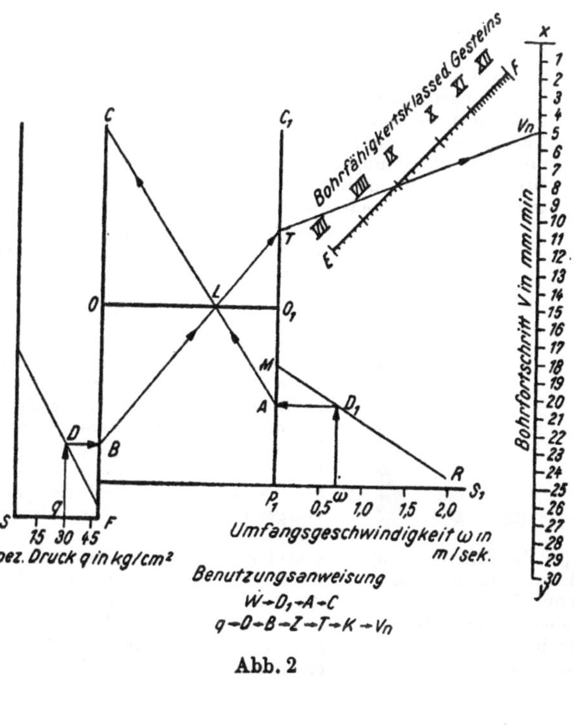

Abb. 2

vergrößern (von 0,2–0,28 auf 0,3–0,33 m/h). Noch bessere Ergebnisse kann die Verwendung einer regelbaren Schrotschleuse bringen.

Durch die Untersuchungen über das Bohren mit Gußschrot wurde eine Reihe von Gesetzmäßigkeiten über die Abhängigkeit des Bohrfortschrittes vom Bohrregime und der Gesteinsklasse gefunden. Diese Gesetzmäßigkeit kann durch folgende empirische Formel ausgedrückt werden:

$$V_n = [(0,144 + 0,1386\,\omega) + (0,00017 + 0,0112\,\omega)\,q]\,K^{12-n}$$

wobei

V — Bohrfortschritt in mm/min;

n — gesuchte Gesteinsklasse;

ω — Umfangsgeschwindigkeit in m/sek;

q — spezifischer Druck auf die Bohrlochsohle in kg/cm² Schrotkronenfläche;

K — Koeffizient für den Grad der Bohrfähigkeit von Gesteinen mit Gußschrot, K = 1,8.

Diese Formel wurde für das Bohren mit gewöhnlichen Schrotkronen bei einer Spülflüssigkeitsmenge, die für die vollständige Entfernung des Bohrschlammes von der Bohrlochsohle ausreicht, abgeleitet. Mit Hilfe dieser Formel kann die zu erwartende Bohrfähigkeit von Gesteinen der Klassen VIII–XII mit Gußschrot bei den verschiedenen Bohrregimen, die gegenwärtig auf den Bohranlagen angewendet werden, berechnet werden.

Die gleiche Abhängigkeit kann auch mit Hilfe eines Nomogrammes dargestellt werden (Abb. 2). In der Tab. 4 sind die Ergebnisse für die tatsächliche Bohrfähigkeit den aus dem Nomogramm berechneten Werten gegenübergestellt. Vergleichsziffern liegen hier für Gesteine der IX. bis XII. Gesteinsklasse vor. Wie man sich leicht überzeugen kann, ergeben sich zwischen den Werten keine großen Differenzen. Indem man von der Gesteinsklasse und auch vom vorgesehenen Bohrregime ausgeht, kann man angenähert den zu erwartenden Bohrfortschritt zur Ermittlung der ungefähren Produktivität eines Bohrmonats und zur Kontrolle der tatsächlichen Bohrfähigkeit bestimmen.

Zeitschrift für angewandte Geologie (1959) Heft 9

Besprechungen und Referate

A. J. Probst

Die Brennstoffindustrie im Siebenjahrplan

„TRUD" vom 18. 2. 1959

Der Autor bringt ausführliche Angaben über das Vordringen von Erdöl und Erdgas, über neue Gasleitungen, über das Bündnis zwischen der Erdöl-, Erdgasgewinnung und der Großchemie usw.

Zur Erläuterung der beigegebenen Abbildungen geben wir folgenden Abschnitt aus seiner Veröffentlichung wieder:

„Vor dem Kriege und im ersten Nachkriegs-Planjahrfünft lag die Kohleindustrie vor der Erdölindustrie. Das ließ sich teilweise dadurch erklären, daß die erkundeten Kohlenvorkommen sehr groß waren und daß sich die Lagerstätten in vielen Gegenden des Landes befanden, während fast alle damals bekannten ergiebigen Erdölvorkommen in der Gegend von Baku und Grosny konzentriert waren. Dazu kam, daß sich die Förderkosten von Kohle und Erdöl relativ wenig voneinander unterschieden.

In den letzten zwei Jahrzehnten hat sich viel geändert. Die Voraussage des hervorragenden sowjetischen Geologen I. M. Gubkin über riesige Erdölvorkommen zwischen der Wolga und dem Ural hat sich bewahrheitet. Immer neue Lagerstätten werden hier entdeckt.

In den letzten Jahren und besonders in der Zeit zwischen dem XX. und XXI. Parteitag hat sich der technische Fortschritt in der Erdölindustrie bedeutend beschleunigt. Auch das Tempo der Steigerung der Arbeitsproduktivität auf den Erdölfeldern hat sich erhöht.

So kommt es, daß die Tonne Erdöl jetzt nur etwas mehr als ein Drittel soviel kostet wie die Tonne Donez-Kohle. Die Kosten für den Transport des flüssigen Brennstoffs durch Rohrleitungen betragen nur den dritten oder vierten Teil der Kosten, die beim Transport einer im Heizwert entsprechenden Menge Kohle mit der Eisenbahn über die gleiche Entfernung anfallen. Deshalb ist Erdöl heute in vielen Gegenden unseres Landes, besonders im europäischen Teil der Sowjetunion, sehr viel billiger als Kohle.

Noch schneller rückt das Erdgas in den Vordergrund. Dies ist der jüngste und aussichtsreichste Zweig der Brennstoffindustrie. Man begann mit der Gasgewinnung in der UdSSR im Großen Vaterländischen Krieg. Dann wurde als erste die Fernleitung Saratow—Moskau gebaut. Nach dem Kriege nahm die Gewinnung von Erdgas eine schnelle Entwicklung. Und das ist auch nicht erstaunlich: Umgerechnet auf Einheitsbrennstoff, ist die Arbeitsproduktivität der mit der Erdgasgewinnung beschäftigten Arbeiter etwa zwölfmal so hoch wie die Arbeitsproduktivität der Bergarbeiter und fünfmal so hoch wie die Arbeitsproduktivität der Erdölarbeiter.

Was die Selbstkosten betrifft, so kennt auch in dieser Hinsicht das Erdgas keinen Konkurrenten. Und wirklich — nimmt man gleichwertige Mengen, ist im Vergleich mit Gas die Gewinnung von Erdöl doppelt so teuer, die Gewinnung von Frästorf 3,6mal, von Kohle 6,3mal und von Ölschiefer 7mal so teuer. Endlich ist Erdgas der am besten geeignete Brennstoff für die Haushalte und die Industrie. Da es keine Asche und keine schädlichen Beimischungen wie Schwefel oder Phosphor enthält, ist dieses Gas für verschiedene technologische Prozesse in Öfen und Aggregaten der Industrie besonders wertvoll. Zum Verbrennen von Erdgas bedarf es keiner besonderen Aufbereitung (wie z. B. Vermahlen und Staubbereitung); die Verbrennung läßt sich leicht vollständig automatisieren, und daher kommt man mit sehr wenig Bedienungspersonal und verhältnismäßig einfacher Ausrüstung aus." E.

Van Os & Meerman

Bewertung und Aufbereitung ballastreicher Brennstoffe zur Erzeugung von Energie

„Glückauf" Nr. 6/1959, S. 325—338

Auf dem Dritten Internationalen Kongreß für Steinkohlenaufbereitung Brüssel—Lüttich 1958 nahmen Fachleute aus mehreren europäischen Ländern zur Bewertung und Aufbereitung ballastreicher Brennstoffe Stellung. Fünf eingereichte Länderbeiträge haben das Ziel, Grundsätze der Bewertung und Herstellung von Kesselkohle im Hinblick auf die wirtschaftliche Zusammenarbeit von Wäsche und Kraftwerk aufzustellen. Es werden zuerst die Erfordernisse des Kraftwerks, dann die Möglichkeiten in der Wäsche betrachtet.

Alle Verfasser von Länderberichten kommen bei der Behandlung der Erfordernisse des Kraftwerks zu Bewertungen, die im Verhältnis zum steigenden Aschegehalt abnehmen. Es wird vor allem der wichtige Einfluß des Kesselwirkungsgrades betont. Ein quantitativer Vergleich zwischen den von verschiedenen Verfassern gegebenen Zahlenwerten wurde nicht angestellt. Am besten könnte dieser durch die Slotboomschen Formeln gemacht werden. Gerade Bewertungslinien beziehen sich auf angepaßte Kessel, d. h. Kessel, die mit dem Brennstoff beschickt werden, für den sie erbaut worden sind. Bei Verfeuerung von Kohlen verschiedenen Aschegehaltes in einem Kessel ergeben sich gekrümmte Kesselbewertungslinien, d. h. sog. „kesselgebundene Bewertungslinien". Die „Kornbewertungslinie" gibt den Wert der einzelnen Körner in einem Brennstoff, abhängig vom Aschegehalt, an.

Bei der Wäsche wird untersucht, wie weit sie den Anforderungen, die sich aus der Bewertungslinie ergeben, entsprechen kann, wobei sich der Begriff „Waschverlust" als nützlich erweist. Weiter werden die Waschkosten betrachtet und die in zwei Länderberichten gegebenen Vergleiche zwischen Waschsystemen besprochen. Auch die von einigen Verfassern hervorgehobene Frage, welche Kohlen aufbereitet werden sollen, bevor sie ins Kesselhaus geschickt werden, wird behandelt.

Einen breiten Raum nehmen die von verschiedenen Fachleuten angestellten Untersuchungen über die Bewertung der ballastreichen Kohle und über ihre Auswirkung auf den Betrieb der Wäsche ein. Aus den zusammengestellten Zahlen und Schlußfolgerungen ist zu ersehen, daß der ballastreiche Brennstoff weit mehr als ein halbes Abfallprodukt ist, welches keine besondere Bedeutung verdient. Er stellt einen wesentlichen Teil des Wertes der Förderung dar und muß dementsprechend behandelt werden.

Ein Abschnitt beschäftigt sich mit dem wirtschaftlichsten Aufbereitungsverfahren für die Herstellung und Lieferung von Kesselbrennstoff. Es werden u. a. Erörterungen angestellt, welche Folgerungen die Wäsche für die Trennung zwischen verwertbarem Gut und Abgängen ziehen kann und ob die Bewertungslinien der verschiedenen Verfasser nicht von geringerer praktischer Bedeutung sind. Die von einigen Verfassern vorgeschlagenen anspruchsvollen Bewertungslinien zeigen, daß man durch die Entwicklung von Kesseln mit höherem Wirkungsgrad aus der Verfeuerung von Rohkohle und Mittelgut einen größeren Gewinn herausholen

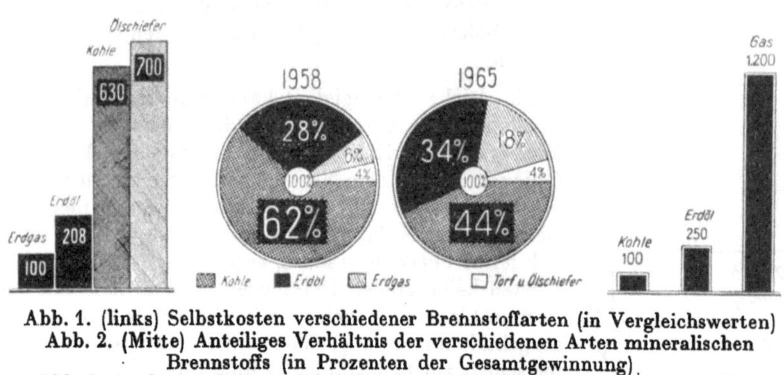

Abb. 1. (links) Selbstkosten verschiedener Brennstoffarten (in Vergleichswerten)
Abb. 2. (Mitte) Anteiliges Verhältnis der verschiedenen Arten mineralischen Brennstoffs (in Prozenten der Gesamtgewinnung)
Abb. 3. (rechts) Arbeitsproduktivität in der Brennstoffindustrie der UdSSR. Die von einem Arbeiter in der gleichen Zeit gewonnene Brennstoffmenge, umgerechnet auf Einheitsbrennstoff in Prozenten

kann. Die Grenzen dieser Entwicklung sind noch nicht erreicht. Die Heraufsetzung des Grenzaschegehaltes verlangt eine Trennung bei höheren Wichten. DRESSEL

SCHNEIDER, S.

Braunkohlenbergbau über Tage im Luftbild dargestellt am Beispiel des Kölner Braunkohlenreviers. Landeskundliche Luftbildauswertung im mitteldeutschen Raum

Schriftenfolge der Bundesanstalt für Landeskunde, Heft 2, Remagen 1957, 62 Seiten mit 23 Abb., 11 Deckblättern und 2 Karten, Preis 9,50 DM

Im vorliegenden Heft wird die Bedeutung des Luftbildes hinsichtlich seiner vielfältigen Aussagefähigkeit am Beispiel des Braunkohlenreviers über Tage hervorgehoben. Gleichzeitig wird an dem glücklich gewählten Beispiel des Kölner Reviers deutlich, welche umfassenden Informationen man einholen kann, wenn man die Bildflüge systematisch, in Abständen von mehreren Jahren wiederholend unter fachkundiger Beratung durchführt und für eine enge Zusammenarbeit aller an Luftbildern dieses Gebietes irgendwie interessierten Stellen Sorge trägt.

Die letzte Befliegung des Kölner Braunkohlenreviers wurde im Jahre 1954 durchgeführt; glücklicherweise standen auch noch die Ergebnisse von Bildflügen aus den Jahren 1928, 1933 und 1945 zur Verfügung. Es waren so die günstigsten Voraussetzungen für eine vergleichende Betrachtung und Bearbeitung des Bildmaterials gegeben. Es wurden alle Möglichkeiten der Auswertung, die das Luftbild bietet, ausgenutzt: Man stellte zusammenhängende, aus Originalaufnahmen hergestellte Luftbildskizzen 1 : 10000 und entzerrte Luftbildpläne 1 : 5000 her, man erzeugte durch photogrammetrische Ausmessung Grundrißzeichnungen der Deutschen Grundkarte 1 : 5000 und selbst bei vermessungstechnischen Auswertungen für Ingenieurarbeiten ließ sich das Luftbild vorteilhaft einsetzen.

Nach einer Beschreibung des Landschaftsbildes und des Aufbaus des Kölner Braunkohlenreviers sowie seiner geschichtlichen Entwicklung wird zunächst ganz allgemein auf die Senkrecht-Luftbilder im Braunkohlenbergbau eingegangen. Bei einer landeskundlichen und speziell wirtschaftsgeographischen Luftbildinterpretation eines Braunkohlenreviers ist es vorteilhaft, wenn man sich an Hand von einigen Schlüsselbildern die charakteristischen Erscheinungsformen des Reviers vor Augen führt. Der Verfasser führt daher in Wort und Bild vor, wie sich beispielsweise Großbaggergeräte, Brikettfabriken, ausgekohlte Flächen, Abraumkippen und Großabsetzer, forstliche sowie landwirtschaftliche Rekultivierungen auf dem Luftbild darstellen; denn nur so kann das Verständnis für das Lesen und Deuten der Luftbilder wesentlich geweckt werden.

Nach diesen Vorbereitungen werden an Hand von 13 ausgezeichneten Luftbildern Ausschnitte aus dem Kölner Braunkohlenrevier gezeigt und interpretiert. Die wesentlichsten Interpretationsergebnisse sind jeweils auf glasklaren Deckpausen festgehalten. So wurden unter anderem Bilder ausgewählt von einem Schwenkbetrieb im Tagebau Berrenrath, von einer alten Spülkippe im Tagebau Louise, von einem ausgekohlten Tagebau, der als Ascheklärbecken eines Großkraftwerkes dient, von forst- und landwirtschaftlichen Rekultivierungen, von ehemaligen Tagebaugebieten, von einer Neusiedlung auf Kippengelände und von einem Kraftwerk auf der Braunkohle.

Ein umfangreiches Schrifttumsverzeichnis gibt Anregungen zum Studium des aufgeworfenen Fragenkomplexes.

Diese Schrift kann allen jenen wärmstens empfohlen werden, die mit der Vermessung, Projektierung, Rekultivierung, Planung und Leitung im Braunkohlenbergbau über Tage zu tun haben. Mögen diesem noch viele andere Beispiele der Anwendung des Luftbildes im Tagebau folgen, so daß das Luftbild in absehbarer Zeit auch für den Braunkohlentagebau eine selbstverständliche Grundlage zur vollständigen Wiedergabe des Landschaftsinhaltes wird.

WEIBRECHT

LORENS, J.

Im Braunkohlentagebau von Turow

„Glos Pracy" (Warszawa, 6. 1. 59)

Der jetzt 3,5 × 1,5 km große Braunkohlentagebau Turow lieferte vor dem zweiten Weltkrieg jährlich etwa 2,5 Mio t Braunkohle. In dieser durch Kriegseinwirkungen zerstört gewesenen Grube werden jetzt täglich etwa 17000 t Kohle gefördert. Der entstehende Tagebau Turow II nimmt eine Fläche von etwa 34,2 km² ein. Sein Abbaufeld soll etwa 4,8 km² betragen. 1965 — im ersten Jahr seiner Produktion — wird er 9,6 Mio t Kohle und 1970 12 Mio t Kohle liefern.

Die Braunkohlenförderung der Volksrepublik Polen soll von 7,5 Mio t 1958 auf 9,6 Mio t 1959 steigen. Für 1965 ist eine Förderung von 27 Mio t und für 1975 von 57 Mio t eingeplant.

Der Anteil der Braunkohle als Brennstoff für die Energieerzeugung ist noch gering, soll aber 1965 schon 27% betragen. Neben der Teergewinnung aus Braunkohle wird man vielleicht auch einmal aus der Asche Aluminium schmelzen.

Ds

MISERNITZIJ, L. A.

Über die Entwicklung der Eisenerzindustrie der Ukraine in den Jahren 1959 bis 1965

„Gorny-Journal" (Moskau) H. 2 (1959), S. 47—54

1958 wurden in der Ukraine 56% des sowjetischen Eisenerzes gefördert. Die Förderleistung wird sich im Laufe des Siebenjahrplanes auf 79,5 Mio t erhöhen. Der Anteil des im Tagebau geförderten Erzes wird von gegenwärtig 28% auf 59,6% für die gesamte Ukraine und von 22% auf 49,2% für das Kriwoj-Rog-Revier ansteigen. Eine Anzahl neuer Schächte werden Teufen von 1100—1200 m erhalten. Sie werden mit Skips ausgerüstet, die eine Nutzlast von 25 bis 50 t aufnehmen werden. Die Aufbereitungsverfahren für Kriwoj-Rog-Erze werden verbessert werden. E.

NEUMANN, E.

Handbuch für Steinbruch, Sand- und Kiesgruben

424 Seiten, 119 Abbildungen

Berlin-Zehlendorf, 1958

Seit den Arbeiten von HERRMANN (Steinbruch-Industrie und Steinbruch-Geologie, 2. Aufl., 1916) und BOERNER (Kies- und Sandbuch, 1931) ist keine zusammenfassende Darstellung der wirtschaftlichen und technischen Probleme dieser Industriezweige unternommen worden. Der Versuch, einen Überblick über die zahlreichen in den letzten Jahrzehnten erschienenen Einzelarbeiten zu geben, könnte daher als verdienstvoll bezeichnet werden, wenn er gelungen wäre. Leider kann man dies von dem vorliegenden Handbuch nicht in allen Teilen behaupten.

Es bringt in loser Anordnung unter etwa 90 Stichworten Einzeldarstellungen. Darunter sind Beiträge über Gesteinskunde, Untersuchungsarten, Freilegung der Lagerstätten, Bohren, Sprengen, Mühlsteine, oberfränkische Diabase, Dachschiefer, Gips, Bagger, Brecher, Mühlen, Siebtechnik, Form-, Gießerei- und Glassande, feuerfeste Baustoffe, Kieselgur, Abwässerfragen. Besonders ausführlich werden die Sprengtechnik und die Gewinnung und Aufbereitung von Sand und Kies beschrieben. Teilweise wird versucht, ein Ordnungsprinzip durchzuhalten, teilweise geht es ziemlich durcheinander. Ein Beitrag über die Mohs'sche Härteskala findet sich zwischen den Stichworten „Was ist Schürfen" und „Luftgekühlte Kompressoren".

Die Beiträge sind von unterschiedlicher Qualität. Vor allem die gesteinskundlichen Ausführungen weisen sehr ernsthafte Mängel auf. Auf Seite 13 befindet sich der Satz: „Dolomit ist ein bei der eruptiven Erdbildung sich gestaltendes Gestein." Dieses Beispiel möge für zahlreiche andere genügen.

Die technischen Beiträge sind z. T. besser gelungen. Auch hier vermißt man wichtige Dinge. Der Saugbagger wird zwar beschrieben, jedoch fehlt eine Darstellung der Kiesgewinnung mit der Mammutpumpe, wie sie in manchen neuzeitlichen Großbetrieben üblich ist.

Abschließend muß leider festgestellt werden, daß ein Bezug dieses Buches nicht empfohlen werden kann. HASS

Nachrichten und Informationen

Besuch aus China

Im Mai und Juni d. Js. weilte auf Einladung der Deutschen Akademie der Wissenschaften zu Berlin Prof. Dr. CHANG WEN-YOU, Vizepräsident der Akademia Sinica, Peking, in der Deutschen Demokratischen Republik. Er benutzte diese Gelegenheit, um auch die Staatliche Geologische Kommission in Berlin und einige ihrer Institutionen aufzusuchen.

Unser Bild zeigt Prof. CHANG WEN-YOU bei seiner Verabschiedung von dem Leiter der Staatlichen Geologischen Kommission, Dipl.-Berging.-Geol. Fr. STAMMBERGER.

Unsere Zeitschrift hofft, daß der Besuch des chinesischen Fachkollegen, der durch sein neu erschienenes Werk „Die geologische Struktur Chinas" einen internationalen Ruf genießt, die zwischen den chinesischen und deutschen Kollegen seit längerem bestehenden freundschaftlichen Beziehungen vertiefen wird. Die bisherige Zusammenarbeit wird sich, be-

sonders auch durch das nach Peking entsandte Mitglied der Deutschen Akademie der Wissenschaften zu Berlin, Prof. Dr. A. SCHÜLLER, welcher wissenschaftlicher Mitarbeiter der Staatlichen Geologischen Kommission und außerdem Kollegiumsmitglied unserer Zeitschrift ist, in Zukunft noch erfolgreicher auswirken, nachdem Prof. CHANG WEN-YOU mit den deutschen Geologen in persönlichen Erfahrungsaustausch getreten ist. E.

6. Jahrestagung der Geologischen Gesellschaft in der DDR

Die Geologische Gesellschaft der Deutschen Demokratischen Republik führte vom 23.—26. April ihre Jahrestagung 1959 in Weimar durch. Zahlreiche Vorträge und dreizehn gut organisierte, abwechslungsreiche Exkursionen gaben einen Überblick über die tektonischen, lagerstättenkundlichen, stratigraphischen, geophysikalischen Probleme des Zechsteins, der Trias und des Pleistozän des Thüringer Beckens. Ein Novum der Tagung war die zum ersten Male durchgeführte Flugexkursion, die den Teilnehmern einen Gesamtüberblick über die Struktur des beflogenen Teiles des Thüringer Beckens verschaffte und allgemeine Anerkennung fand.

Der Vorsitzende der Geologischen Gesellschaft, Prof. Dr. WEHRLI, begrüßte in seiner Eröffnungsansprache mehr als 500 Tagungsteilnehmer. Unter ihnen befanden sich bekannte Wissenschaftler aus der UdSSR, der VR Polen, der ČSR, der VR Bulgarien und aus Westdeutschland. Die Volksrepublik China war durch Prof. Dr. CHANG WEN-YOU, Vizepräsident der Academia Sinica, vertreten.

Auch Vertreter der Staatlichen Plankommission, des Rates der Stadt Weimar, der Hochschule für Architektur und Bauwesen wünschten den Wissenschaftlern einen guten Tagungsverlauf.

Prof. WEHRLI betonte u. a. die Notwendigkeit der noch engeren Verbindung von Wissenschaft und Praxis. Er wies besonders auf die allseitige geologische Erkundung des Thüringer Beckens als Rohstofflieferant für unseren sozialistischen Aufbau hin. Die Gründung weiterer Fachsektionen der Gesellschaft neben der bereits existierenden Sektion Kali soll nicht nur der Grundlagenforschung dienen, sondern vor allem auch die Voraussetzungen für eine engere praxisgebundene Arbeit der Gesellschaft schaffen.

Von den ausländischen Gästen erwähnte Prof. Dr. KETTNER, Prag, die Zusammenarbeit deutscher und tschechoslowakischer Geologen in Vergangenheit und Gegenwart. In diesem Zusammenhang wies er auf die engen Beziehungen GOETHEs zum Grafen STERNBERG und anderen tschechoslowakischen Gelehrten seiner Zeit hin. Prof. Dr. TOKARSKI, Warschau, hob das gemeinsame Interesse der polnischen und deutschen Fachkollegen an Zechstein und Trias hervor, das sich aus der Nachbarschaft der befreundeten Länder natürlicherweise ergebe.

Die wissenschaftlichen Sitzungen des ersten Tages wurden mit einem Vortrag von Dr. K. B. JUBITZ, Berlin, über „Charakter und Probleme der Deckgebirgstektonik im Thüringer Becken" eingeleitet. Der Vortrag sollte mit der Struktur und dem bisherigen Stand der Erforschung des Thüringer Beckens in großen Zügen bekanntmachen.

Die Vorträge werden in den „Berichten der Geologischen Gesellschaft" veröffentlicht. Der interessante Vortrag von Prof. CHANG WEN-YOU über die Tektonik Chinas erscheint im Heft Nr. 5 der Zeitschrift „Geologie".

Aus dem am 24. April gegebenen Jahresbericht des Vorsitzenden Prof. Dr. WEHRLI ging hervor, daß sich die Zahl der Mitglieder der Geologischen Gesellschaft in der DDR um mehr als 150 auf 651 erhöht hat. Neben der Fachsektion Kali ist die Bildung der Fachsektionen Paläontologie, Quartärgeologie und Mineralogie vorgesehen. Weitere wichtige Aufgaben der Geologischen Gesellschaft sind die Beteiligung an den Vorbereitungen zum Internationalen Geologen-Kongreß 1960 in Kopenhagen und der Tagung der INQUA 1961 in Warschau.

Die Exkursionstagung im Herbst 1959 soll mit den geologischen, lagerstättenkundlichen und stratigraphischen Problemen der Elbtalzone bekanntmachen. HESS

XI. Tagung des Rates für Gegenseitige Wirtschaftshilfe

Wie das „Neue Deutschland" vom 17. 5. 1959 mitteilte, wurde auf der XI. Tagung des RGW die Frage der Erhöhung der Kokskohlenförderung diskutiert. Bis 1965 wird die Förderung verkokbarer Kohlen um 53,5% erhöht werden, während der Anstieg der gesamten Steinkohlenförderung 21% erreichen wird.

In der ČSR wird die Kokskohlenförderung auf das 1,6fache, in Polen auf das 1,5fache erhöht werden. Die vorgesehenen großen Lieferungen von sowjetischen Kokskohlen in die Volksdemokratien werden es diesen erlauben, ihren wachsenden Bedarf an verkokbaren Kohlen voll zu decken.

Die Rohstahlproduktion wird in den europäischen Ländern der Volksdemokratien bis 1965 auf das 1,8fache gesteigert werden.

Die im Siebenjahrplan der UdSSR vorgesehene Erweiterung der Eisenerzgewinnung erlaubt es der Sowjetunion, neben der Deckung ihres eigenen Bedarfes die Lieferungen von Eisenerzen an die europäischen Länder auf das fast Doppelte zu erhöhen. Diese Erhöhung gibt gleichzeitig mit der Entwicklung der eigenen Eisenerzbasen die Sicherheit, daß die Volksdemokratien ihre projektierte Stahl- und Eisenerzeugung erreichen werden.

Für Buntmetalle wurde ein weiteres Anwachsen der Erzvorräte und der Metallproduktion vorgesehen bei einer gleichzeitigen beträchtlichen Steigerung der Buntmetall-Lieferungen aus der Sowjetunion. E.

Über die richtige Einplanung von Investitionen

Auf dem XXI. Parteitag der KPdSU befaßte sich der Delegierte A. F. SASSJADKO u. a. mit dem ökonomischen Nutzeffekt der Investitionen. Wir halten es für angebracht, daß sich auch unsere Geologen mit Problemen von Investitionen in Zukunft möglichst eingehend befassen, weil die Beschaffenheit und Zusammensetzung vieler mineralischer Rohstoffe einen recht bedeutenden Einfluß auf die Investitionen bei der späteren industriellen Auswertung ihrer Lagerstätten haben muß.

SASSJADKO führt u. a. aus:

„Mir will scheinen, daß bei der Einschätzung des Nutzeffektes der Investitionen stets die Frage geprüft werden muß, was vorteilhafter ist: etwas geringere Selbstkosten der Produktion bei größeren Investitionen oder etwas höhere Selbstkosten bei geringeren Investitionen und kürzeren Fristen bei Industriebauten. In der Jagd nach relativ geringen Selbstkosten können wir große, in einen Betrieb zu investierende Mittel auf lange Zeit einfrieren lassen, und sie können nicht der erweiterten Reproduktion dienen. Ein klassisches Beispiel für die richtige Einstellung zu den Bauvorhaben ist der von N. S. CHRUSCHTSCHOW gegebene Kurs, im gegenwärtigen Zeitabschnitt Wärmekraftwerke an Stelle von Wasserkraftwerken zu bauen.

In diesem Zusammenhang möchte ich die folgenden Berechnungen des Staatlichen Instituts der metallurgischen Industrie für zwei Betriebe anführen, des Werkes „Asowstal" und des Dsershinski-Werkes. Vergleicht man diese beiden Werke unter dem Gesichtspunkt der anteilmäßigen Investitionen je Tonne Produktion, so ergibt sich folgendes Bild: Im Werk „Asowstal" betragen die Investitionen je Tonne Produktion 1080 Rubel und im Dsershinski-Werk 1170 Rubel, also 90 Rubel mehr. Die Selbstkosten je Tonne Roheisen sind im Werk „Asowstal" um fünf Rubel niedriger als im Dsershinski-Werk. Betrachtet man die Dinge nur unter dem Gesichtspunkt der anteilmäßigen Investitionen, wie man es zur Zeit bei der Planung tut, so sind im Werk „Asowstal" die anteiligen Investitionen und die Selbstkosten der Produktion geringer als im Dsershinski-Werk. Nach diesen Kennziffern ergibt sich, daß der Bau des Werkes „Asowstal" wirtschaftlicher ist. Betrachten wir die Dinge jedoch in Wirklichkeit unter dem Gesichtspunkt des Nutzeffektes der Investitionen, so ergibt sich das folgende Bild:

In den zweiten Bauabschnitt des Werkes „Asowstal" müssen 6,5 Mrd. Rubel investiert werden, der jährliche Gewinn wird 461 Mill. Rubel betragen, d. h. der Koeffizient des Nutzeffektes der Investitionen beläuft sich annähernd auf 7%.

Im Dsershinski-Werk müssen 1,7 Mrd. Rubel investiert werden, und der jährliche Gewinn beträgt 290 Mill. Rubel; der Koeffizient des Nutzeffektes der Investitionen steigt für dieses Werk bereits auf 16% an.

Den angeführten Berechnungen nach ergeben also die zusätzlichen Investitionen in das Dsershinski-Werk einen höheren Nutzeffekt als die Investitionen in den zweiten Bauabschnitt des Werkes „Asowstal". Das erklärt sich daraus, daß die Investitionen im Dsershinski-Werk es ermöglichen, nicht nur neue Kapazitäten zu errichten, sondern auch die bereits in Betrieb befindlichen Ausrüstungen auf den neuesten Stand zu modernisieren. Hierbei ist zu berücksichtigen, daß die Investitionen im Dsershinski-Werk relativ bald einen Gewinn erbringen werden, im Werk „Asowstal" hingegen erst nach einigen Jahren.

Geben wir dem Werk „Asowstal" den Vorzug, so lassen wir auf lange Zeit Investmittel einfrieren und erhalten je Rubel Investitionen einen um 57% kleineren Produktionszuwachs. Das bedeutet nicht, daß man das Werk nicht bauen soll, der frühere Entwurf muß jedoch offensichtlich überprüft werden.

Wir sind bestrebt, die Höchstmenge an Stahl je Quadratmeter Herdfläche der SM-Öfen auszubringen. Warum sollten wir nicht anstreben, den höchstmöglichen Nutzeffekt je Rubel Investitionen zu erzielen?" I.

Ungarns mineralische Rohstoffe

Die Bergbau-Rundschau Nr. 4/April 1959, S. 182—183, bringt einen Beitrag über „Die Bodenschätze Ungarns".

„Bis vor kurzem noch hielt man Ungarn für ein an Mineralschätzen armes Land. Als Ergebnis der in den letzten Jahren durchgeführten geologischen Forschungen stellte sich jedoch ein relativer Reichtum an Bodenschätzen der verschiedensten Art heraus. So hat z. B. die Erschließung neuer Steinkohlenvorkommen dazu geführt, daß die Kohleproduktion von jährlich 9 Mio t 1948 auf 25 Mio t 1958 gestiegen ist. Darunter sind besonders groß die Vorkommen an wertvoller Lignitkohle, die in Ungarn zur Heizung der Kraftwerke dienen."

„Zur Zeit werden in Ungarn 70 verschiedene Mineralien gefördert und verarbeitet. Die zur Verfügung stehenden Lager sind jedoch sehr verschieden in Mengen und Qualität. Von dem Betonit z. B. verfügt Ungarn über den großen Vorrat von 15 Mio t in bester Qualität. Betonit ist als wichtiger Grundstoff sowohl in Gießereien wie bei Tiefbohrungen, bei Wasserbauten, aber auch in der Landwirtschaft und in der Bauindustrie unentbehrlich. Eines der wichtigsten in Ungarn vorkommenden Mineralien ist Perlit, der zur Herstellung von Leichtbeton in immer größerem Maße verwendet wird. Davon stehen Ungarn etwa 20 Mio t zur Verfügung. Für Perlit macht sich auch im westlichen Ausland ein immer größeres Interesse geltend, zumal er außer in Griechenland und in Italien in den Weststaaten nicht vorkommt." E.

Geochemie in Rumänien

In den Abteilungen für anorganische Chemie und physikalische Chemie werden auf polarographischem Wege die Methoden der Ermittlung von Metallen studiert, die die Erzanalysen erleichtern. Der geochemische Sektor setzt die Erforschung der Verteilung von Elementen in verschiedenen Gesteinstypen fort. Diese Arbeiten gehören zu einem größeren Komplex von Forschungen, durch die das geochemische Profil der Ostkarpaten ermittelt werden soll. Das ist eine Aufgabe, die zusammen mit dem Institut für Geochemie der UdSSR gelöst wird. Gleichzeitig werden Verteilung und Zirkulation der Spurenelemente in den Gesteinen und Böden der Moldau erforscht. Diese Arbeit hat besonders für die landwirtschaftliche Produktion großen Wert. I.

Gesteinsproben vom Meeresgrund

Am 4. 4. 59 stach von Dover eines der alten britischen Landungsboote in See, um im Kanal zwischen England und Frankreich Gesteinsproben aus einer Tiefe von 60 m unter dem Meeresgrunde zu entnehmen. Auf Grund dieser Proben soll versucht werden, eine Bestätigung der geophysikalischen Messungen amerikanischer Ingenieure aus dem vergangenen Sommer zu erhalten, um sodann die endgültigen Pläne für die Trassierung des Kanaltunnels zwischen Frankreich und England ausarbeiten zu können. E.

Erdöl

Vormarsch der Petrochemie

„Die Wirtschaft" brachte in ihrer Nr. 16 vom 15. 4. 1959 eine Reihe wichtiger Beiträge zum zehnten Jubiläum des Rates für gegenseitige Wirtschaftshilfe.

Unter anderem regt Prof. Dr. WINKLER, Leiter der Abteilung Chemie der Staatlichen Plankommission und Vorsitzender der Ständigen Kommission für wirtschaftliche und wissenschaftlich-technische Zusammenarbeit auf dem Gebiet der chemischen Industrie beim Rat für gegenseitige Wirtschaftshilfe, an[1]), in Zukunft auf den verschiedensten Gebieten Plaste an Stelle von Blei, Kupfer, Stahl usw. zu verwenden; denn ihre Herstellung erfordere einen bedeutend geringeren Aufwand an gesellschaftlicher Arbeit als die bisherige Produktion der Metalle. Zur Rohstofffrage übergehend, bemerkt WINKLER:

„Dies bedeutet, daß die Länder, die bisher vorwiegend eine Chemie auf der Basis der Kohle betrieben haben, also die Volksrepublik Polen, die ČSR und vor allem die DDR, der Tatsache gerecht werden müssen, daß sich in der Perspektive wichtige Kunststoffe und Fasertypen, Lösungsmittel usw. nur dann rentabel produzieren lassen, wenn der Entwicklung einer Petrochemie genügend Raum gegeben wird. Dieser junge Produktionszweig hat in allen Ländern mit einer entwickelten chemischen Industrie einen stürmischen Aufschwung genommen. Man kann heute nicht mehr an der Tatsache vorübergehen, daß die Hydrierung von Azetylen die unrentabelste Herstellung von Ausgangsprodukten der organischen Synthese ist. So läßt sich z. B. das durch Pyrolyse gewonnene Äthylen mit der Hälfte der Gestehungskosten produzieren."

Weiter wird betont, daß sich durch petrochemische Verfahren die Herstellung von Synthesekautschuk sowie die Gewinnung von Synthesegas für die Ammoniakherstellung rentabler als bei der diskontinuierlichen Koksvergasung und der Kohlevergasung mit Sauerstoff werde gestalten lassen.

W. GRATSCHOW, Moskau[2]), geht auf die petrochemische Rohstoffbasis der Sowjetunion näher ein:

„Die Sowjetunion besitzt unerschöpfliche Vorräte an Erdgas. Große Vorkommen dieses überaus wertvollen Natur-

[1]) WINKLER: „Vormarsch der Chemie im Zeichen des Sozialismus". („Die Wirtschaft" Nr. 16 v. 15. 4. 1959, S. 7—8.)

[2]) GRATSCHOW, W.: „Das grandiose Chemieprogramm der UdSSR", „Die Wirtschaft" a. a. O., S. 8.

produkts sind in vielen Gegenden der Sowjetunion entdeckt worden: in den Regionen von Stawropol und Krasnodar, im Wolgagebiet, in der Ukraine, in Usbekistan, in Aserbaidshan, in der Autonomen SSR der Komi, in West- und Ostsibirien."

Nach GRATSCHOW lassen sich aus einer Tonne Erdölbegleitgas 3000 m Kunstfaser-Textilien bzw. 400—500 kg synthetischer Kautschuk, 300—500 kg Plaste oder 400 kg Äthylalkohol produzieren. Die Sowjetunion nimmt hinsichtlich des Ausstoßes an chemischen Produkten den zweiten Platz in der Welt nach den USA ein, ist aber trotzdem auf einigen Gebieten zurückgeblieben. „Eine der Ursachen für das Zurückbleiben dieser Zweige der chemischen Industrie ist die bisherige Unterbewertung der bei der Erdölgewinnung anfallenden Gase und der Erdgase als am leichtesten zugängliche und billige Rohstoffe für die Produktion von synthetischen Werkstoffen, die falsche Orientierung auf den Bau von relativ kleinen chemischen Werken, deren Produktion auf der Auswertung der Gase der erdölverarbeitenden Fabriken fußte, ferner die Tatsache, daß man diese Gase vorzüglich zu Beheizungszwecken verwandte und sogar ruhig zusah, daß große Quantitäten dieser außerordentlich wertvollen Produkte ungenutzt verlorengingen . . ."

„Das ZK der KPdSU setzt große Hoffnungen auf die neuen Rohstoffarten. Die breite Anwendung von Erdölrohstoffen und von Erdgas leitet eine neue Ära in der Entwicklung der chemischen Produktion ein, die unter Leitung der Kommunistischen Partei auf Initiative des Genossen CHRUSCHTSCHOW verwirklicht werden soll." Zu den Gestehungskosten einiger petrochemischer Produkte stellt GRATSCHOW fest:

„Die Kosten einer Tonne Ammoniak, das aus Erdgas gewonnen wird, belaufen sich nur auf 50% der Kosten für Ammoniak, das als Nebenprodukt der Verkokung anfällt; die Kosten von aus Gas erzeugtem Alkohol betragen nur 56,7% der Kosten von Alkohol, der auf Nahrungsmittelbasis produziert wurde; gewinnt man Kautschuk aus Gas, belaufen sich die Gestehungskosten auf 56%, verglichen mit der Kautschukproduktion aus Alkohol usw."

Nachdem GRATSCHOW die wichtigsten petrochemischen Betriebe der UdSSR aufgezählt hat und u. a. mitteilt, daß die Umstellung der Ammoniakgewinnung des Chemiekombinats von Stalinogorsk auf Erdgas 13 Monate vorfristig gegenüber dem festgelegten Plan durchgeführt werden konnte, fordert er zum Schluß seines Aufsatzes die Durchführung wissenschaftlicher Forschungsarbeiten auf viel breiterer Basis als bisher.

I. LÖRING, Ungarn,[3]) betont, daß die nötigen Rohstoffe für den Aufbau der Petrochemie in jedem sozialistischen Land vorhanden sind, oder daß sie durch Erdöl- oder Erdgasleitungen dorthin transportiert werden können. „Bedingt durch die Art der petrochemischen Ausgangsrohstoffe (Erdöl, Erdgas, Kohle, Kochsalz, Luft) und der durchweg in geschlossenen Apparaturen vor sich gehenden Herstellung, können die Arbeitsvorgänge zur Erzeugung dieser Materialien schon heute fast vollständig mechanisiert und automatisiert werden."

J. PELC[4]), Leiter der Arbeitsgruppe Perspektivplanung der Ständigen Kommission Chemie, schreibt in einem Kapitel, das „Petrochemie rückt vor" betitelt ist, folgendes:

„Während in den Jahren 1945—1954 die Möglichkeiten für den Import sowohl von Rohöl als auch von Destillationsprodukten begrenzt waren, orientierte sich auch die einheimische Produktion von Treibstoffen in erster Linie auf die Erweiterung der relativ kostspieligen Braunkohleverarbeitung in den Stalinwerken. Seit 1955 stützt sich unsere Produktion von Treibstoffen in erster Linie auf sowjetisches Rohöl, und in den nächsten Jahren wird nicht nur mit der wachsenden petrochemischen Industrie, sondern auch mit einer ausgedehnten Verwendung von Öl für Heizzwecke gerechnet.

Die Entwicklung der Kokschemie, das Vorhandensein genügender Rohölmengen und auch die Vorzugsausnutzung des Erdgases in der chemischen Industrie schaffen eine äußerst günstige und breite Rohstoffgrundlage für die weitgehende Entwicklung der organischen Synthese, d. h. für die Massenproduktion von synthetischem Kautschuk, von Plasten aller Art, von synthetischen Fasern, von Teerfarbstoffen, von Lösungsmitteln, von Weichmachern usw."

[3]) LÖRING, I.: „Im Zeitalter der neuen Werkstoffe". „Die Wirtschaft" a. a. O., S. 9.

[4]) PELC, J.: „Beschleunigter Ausbau der Chemie in der ČSR". „Die Wirtschaft" a. a. O., S. 11.

Unter anderem teilt PELC noch mit, daß mit dem Bau eines Werkes zur Erzeugung von Stickstoffdünger auf Erdgasbasis 1958 in der Slowakei begonnen wurde.

A. KOWALSKI, Unterstaatssekretär im Ministerium für Chemische Industrie der VR Polen,[5]) stellt als Hauptaufgaben zur Verwirklichung des Chemieprogramms heraus:

1. Verwendung solcher Brennstoffe (wie z. B. Erdöl, Erdgas u. a.), deren Ausbeutung bedeutend billiger ist als die der Steinkohle, in einem bedeutend höheren Maße als bisher.

2. Verarbeitung dieser Brennstoffe in der Chemie- und Erdölindustrie.

3. Maximale Verarbeitung von aromatischen Kohlewasserstoffen aus Teer in Verbindung mit olefinischen Kohlewasserstoffen zu Kunststoffhalbprodukten.

Er empfiehlt, daß man in der Stickstoffindustrie vom Koksverbrauch abgehen soll. „Es wird angestrebt, sich bei der Ammoniak-Synthese des Erdgases sowie der Gase aus Kokereien und Raffinerien zu bedienen."

Das sind einige wenige Beispiele aus den wertvollen und lesenswerten Aufsätzen, die „Die Wirtschaft" zum 10. Jahrestag der Gründung des Rates für gegenseitige Wirtschaftshilfe veröffentlicht hat. E.

[5]) KOWALSKI, A.: „Rohstoffbasis wird erweitert". „Die Wirtschaft" a. a. O., S. 13.

Das Petrochemie-Zentrum Dormagen

Die zweite Ausbaustufe des im März 1957 begonnenen Chemie-Kombinates Dormagen soll Ende 1959 abgeschlossen sein. Das Kombinat stellt eine Gemeinschaftsgründung der Farbenfabriken BAYER AG, Leverkusen, und der B P Benzin und Petroleum AG, Hamburg, dar.

Der „Industriekurier" vom 7. 4. 59 berichtet u. a. über das Werk:

„Durch die sehr kapitalintensiv vor sich gehende Produktion bei der Erdölchemie ist infolge weitgehender Automation der Personalbedarf sehr niedrig. Gegenwärtig sind hier etwa 400 Arbeiter und Angestellte beschäftigt. Nach dem Ausbau der dritten Stufe wird sich die Belegschaft auf rd. 700 Mitarbeiter erhöhen, so daß sich damit eine Investitionssumme pro Kopf der Beschäftigten von rd. 430000 DM ergibt. Um eine ausreichende Energiebasis zu haben, wird ein eigenes Hochdruckkraftwerk, das auf der Grundlage von Heizöl aufbaut, errichtet. Die Leistung soll in der ersten Ausbaustufe etwa 36000 kW und 150 t/h Dampf haben."

Auf einer Pressekonferenz in Dormagen wurde Anfang April 1959 festgestellt:

„Einschneidende Veränderungen zeichnen sich ferner auf dem Energiesektor durch das Vordringen des Erdöls ab. 1957 ist der USA-Energiebedarf bereits zu 41% durch Erdöl befriedigt worden. Dann folgt Erdgas mit 28% und schließlich Kohle mit 27%. Nach einer Schätzung werden Erdöl und Erdgas 1967 in diesem Gebiet etwa 75% des gesamten Energiebedarfs abdecken. In Westeuropa hielt die Kohle mit einem Deckungsgrad von 65% 1957 noch die absolute Spitzenstellung, gefolgt von Erdöl mit 24% und Erdgas mit 1%." E.

Erdölerkundung in Polen

„Osthandel", Wien, Nr. 12/1958 bringt interessante Mitteilungen über die polnischen Erdölpläne. Es wird festgestellt, daß 1950 die Erdölproduktion in Polen 162000 t betrug und daß sie bis 1957 auf 181000 t anstieg.

Um die Förderung zu erhöhen, wurden von polnischer Seite zwei Maßnahmen vorgeschlagen:

1. Eine weitgehende Intensivierung der Erdölsuche.

2. Die Errichtung neuer Raffinerien mit einem reichhaltigen Erzeugungsprogramm.

Was die Erdölsuche anbelangt, so beziffert man den Umfang der für eine solche in Frage kommenden Gebiete Polens auf rd. 250000 km², wovon 15000 km² auf die Karpaten, 30000 km² auf das Karpatenvorland und 205000 km² auf das Tiefland entfallen. Auf diesen Terrains will man nun in den Jahren 1961—1975 etwa 72000 km seismischer Profilmessungen und 5 Mio m geologische Schurfbohrungen durchführen sowie 180000 gravimetrische Punkte bestimmen. Zu diesem Zweck soll die Zahl der im Einsatz stehenden geophysikalischen Apparaturen ab 1965 um 60% erhöht werden und der Jahresdurchschnitt an Schurfbohrungen von 100000 m im Jahre 1960 sukzessive auf 600000 m im Jahre 1975 gesteigert werden. Für die Durchführung der Suchbohrungen bzw. deren prozentuelle Verteilung auf die einzelnen Gebiete liegt folgender Arbeitsplan vor (in %):

Gebiet	1961/65	1966/70	1971/75	1961/75 insgesamt
Karpatenvorland	44,3	41,7	37,5	40,0
Karpaten	18,6	17,3	17,3	17,5
Tiefebene	37,1	41,0	45,2	42,5

Für den Fall der planmäßigen Durchführung dieser Arbeiten rechnet man damit, in den genannten Jahren eine Menge von mindestens 29 Mio t Erdöl und Erdgas (1000 m³ Gas = 1 t Erdöl) aus dem Untergrund Polens herausholen zu können, und dies bloß aus den Karpaten und ihrem Vorland. Die Erdölhöffigkeit des polnischen Flachlandes ist noch zu wenig bekannt, um dessen Ertrag rechnungsmäßig vorauskalkulieren zu können. Allerdings würden sich die Kosten dieser Bohrarbeiten (für 5 Mio Bohrmeter) auf über 12 Mrd. Zloty stellen." E.

Förderung der westdeutschen Erdölkonzerne 1957

	Anteile in t	in %
Gewerkschaft Elwerath	1178459	29,76
Deutsche Erdöl-AG	862769	21,79
Wintershall AG	660919	16,69
Mobiloil AG	515753	13,03
Preuß. Bergwerks- u. Hütten-AG	347445	8,77
Gewerkschaft Brigitta	230654	5,83
Deilmann Bergbau GmbH.	150240	3,80
Deutsche Schachtbau- u.Tiefbohr GmbH.	8304	0,21
Andere Gesellschaften	5098	0,12
Gesamtförderung	3959641	100,00

E.

Rohölförderung in Kuwait

Die Förderung setzte Mitte 1946 mit 0,8 Mio t ein und hatte 1958 bereits über 70 Mio t erreicht. Kuwait ist heute der zweitgrößte Rohölexporteur in der kapitalistischen Welt. Eine neugebaute Ladebrücke macht es möglich, daß gleichzeitig zwei Schiffseinheiten von je 100000 Bruttoregistertonnen und zwei kleinere Tanker abgefertigt werden können, was einer Exportmenge von 300000 t entspricht. Im Durchschnitt liegt die Ladegeschwindigkeit bei 5000 t in der Stunde.

Erdgas

Gasfeld Zwerndorf

Zwecks gemeinsamer Auswertung der Erdöl- und Erdgasgrenzgebiete, die teils auf tschechoslowakischem, teils auf österreichischem Gebiet liegen, kamen beide Partner überein, die geologische Dokumentation gegenseitig auszutauschen und die Produktion zu koordinieren. Besondere Bedeutung kommt dem Abkommen über die „Koordinierte Ausbeutung des Erdgasfeldes Zwerndorf-Vysoka" zu. Eine gemischte Kommission zur Berechnung des gesamten Lagerstätteninhalts sowie des Anteils jeden Vertragspartners ist vorgesehen. Das Abkommen über die Grundsätze der geologischen Zusammenarbeit wird den Austausch geologischer Dokumente, geologischer Karten, wissenschaftlicher Publikationen und amtlicher Mitteilungen regeln. E.

Erdgasexport aus der Sahara

Am 17. März 1959 wurde in Paris beim Gas-Sonderausschuß der OEEC über die Möglichkeiten des Transportes von Sahara-Erdgas nach Europa verhandelt. Anfang April begannen zwei wissenschaftliche Untersuchungen über die Legung von Erdgasfernleitungen auf dem Grunde des Mittelmeeres. Die eine hat die Erkundung der Unterwasser-Verhältnisse auf der Strecke Mortaganem im östlichen Algerien nach Cartagena in Spanien zum Ziel. Sie wird von dem Unterwasserboot „Calypso" durchgeführt. Die zweite Untersuchung hat die Erkundung der Unterwasser- und Bodenverhältnisse in der Meerenge von Gibraltar zur Aufgabe. Die Unterwasser-Untersuchungen werden mehr als 6 Monate in Anspruch nehmen. Sie sollen Klarheit über bisher noch ungelöste Probleme, die bei der Verlegung von Ferngasleitungen in größeren Meerestiefen auftreten können, bringen. E.

Erdgas in den USA

1958 bezogen von den 51 Mill. in den USA vorhandenen Wohneinheiten 28,1 Mill. Verbraucher Erdgas, 4 Mill. Verbraucher Stadtgas und 8,5 Mill. Flüssiggas. 19,1 Mill. Abnehmer verwendeten das Erdgas auch zu Heizungszwecken, so daß in vielen Gegenden das bisher verwendete Heizöl durch Erdgas verdrängt wird.

Anfang 1958 waren 7969 Gassonden und 199 unterirdische Speicher in Betrieb. Seit 1945 wurden in den USA rund 370000 km neue Pipelines für den Erdgastransport gebaut, so daß das Erdgasrohrleitungsnetz zur Zeit etwa 900000 km lang ist.

Die soeben fertiggestellte Leitung von Texas City über Louisiana, Arkansas, Missouri, Illinois, Indiana nach Moundsville/Ohio ist 2900 km lang. Der Gestehungspreis des Methangases beträgt im Durchschnitt 1,78 Pf/m³.

Die nachgewiesenen und förderungswürdigen Vorräte beliefen sich Ende 1958 auf 6,98 Trillionen m³, denen eine Förderung von 325 Mrd. m³ im Jahre 1957 gegenüberstand. Nach einer amtlichen Verlautbarung schätzt man die prognostischen Vorräte zur Zeit auf mindestens 28,3 Trill. m³. E.

Kohle

Weltkohlenförderung 1958

„Glückauf", Essen, teilt als Organ der Steinkohlen-Interessenten des Ruhrgebietes in seinem Heft 6/1959, S. 361, u. a. mit:

Die Steinkohlenförderung der Welt stieg im Jahre 1958 auf etwa 1800 Mio t gegenüber 1733,5 Mio t im Jahre 1957. Die Braunkohlenförderung der Welt erreichte im vergangenen Jahr 611 Mio t gegenüber 592 Mio t 1957.

„Den stärksten Anstieg der Steinkohlenförderung hatte die Volksrepublik China, die ihre Förderung gegenüber dem Vorjahr mehr als verdoppeln konnte und nunmehr vor Großbritannien den dritten Platz unter den Kohleförderländern der Welt einnimmt. Einen Zuwachs von 23 Mio t Steinkohle oder 7% hatte die Sowjetunion und erreichte eine Förderung von 350 Mio t. Rechnet man die Braunkohlenförderung, umgerechnet auf Steinkohle, mit 48 Mio t SKE hinzu, so hat die Sowjetunion im Jahre 1958 die Kohlenförderung der Vereinigten Staaten von Amerika übertroffen und steht unter den Förderländern der Welt an der Spitze. Über 45% der Kohlenförderung der Welt kamen 1958 aus den Ostblockländern. Während die Kohlenförderung der westlichen Welt in den letzten Jahren stagnierte oder abnahm, hatten die Ostblockländer Zuwachsraten von 7,5 und 23,3%."

Diese Darstellung spricht für sich selbst. Die sozialistische Wirtschaft überflügelt die kapitalistische mit Riesenschritten. E.

Braunkohlenprojekt in Kaschmir

Im Tale des Jhelumflusses, unweit von Kaschmirs Sommerhauptstadt Srinagar, sollen umfangreiche Braunkohlenvorkommen im Rahmen des dritten Fünfjahrplans ausgebeutet werden, wurde von einer Regierungsstelle bekanntgegeben. Vor allem ist man an der Errichtung einer Kunstdünger- und einer Brikettfabrik zur Herstellung von Hausbrandbriketts interessiert. E.

Eisenerze

Die Eisenerzvorräte in den Ländern der Montanunion

Die Hohe Behörde der „Europäischen Gemeinschaft für Kohle und Stahl" veröffentlichte im Januar 1959 eine interessante Statistik über die Vorräte an Eisenerzen in den Ländern der Montanunion mit Stand 1. 1. 1957.

Aus den Zahlen geht hervor, daß sich das Fehlen einer einheitlichen Berechnungsgrundlage nachteilig auswirkt. Außerdem teilt die Abteilung Statistik mit, daß „die erzielten Ergebnisse einen gewissen Unsicherheitsgrad besitzen". Es handelt sich also bei den Vorratszahlen um Schätzungen und nicht um exakte Berechnungen.

Während in den Ländern des sozialistischen Lagers derartige Vorratszusammenstellungen weitaus realer sind, hat man sich in den kapitalistischen Ländern immer noch nicht dazu bereit erklärt, eine Klassifizierung der Vorräte nach modernen Gesichtspunkten vorzunehmen, obgleich es an geeigneten Vorschlägen in den einzelnen Ländern nicht mangelt. Es sei in diesem Zusammenhang nur auf das Einteilungsprinzip von BLONDEL und LASKY (1956) verwiesen.

Wenn in den einleitenden Bemerkungen zu der statistischen Information der Montanbehörde darauf hingewiesen wird, daß „diesen Erhebungen im Hinblick auf die langfristigen Versorgungen der Eisenindustrie der Montanunion mit Rohstoffen während der nächsten Jahre eine große Bedeutung zukommt", so ist es eine Tatsache, daß die vorliegende Zusammenstellung nach der alten Standard-Klassifikation für moderne wirtschaftliche Erwägungen sowie für internationale Vergleiche wenig geeignet erscheint.

Um den Lagerstättenfachleuten der DDR die Möglichkeit zu geben, die Vorratsangaben der Montanunion auszuwerten, wird unsererseits hier die von STAMMBERGER (1958) vorgeschlagene Parallelisierung der Internationalen Standardklassifikation mit der Vorratsklassifikation der DDR auf die Vorratsangaben über die Eisenerze der Montanländer in Anwendung gebracht. Danach sind die Vorräte der Klassen $A+B+C_1$ den sog. „sicheren" Vorräten gleichzusetzen, die Vorräte der Klasse C_2 entsprechen den „wahrscheinlichen" Vorräten und die der Klasse D (prognostische Vorräte) den „möglichen" Vorräten der Internationalen Standardeinteilung.

Die Gesamtvorräte an „bauwürdigen" Eisenerzen in den Ländern der Montanunion belaufen sich auf 11,25 Milliarden t (Summe der Klassen $A+B+C_1+C_2+D$), sie wurden in Tabelle 1 zusammengestellt. Davon entfallen auf

„sichere" Vorräte ($A+B+C_1$) = 3,25 Milliarden t
(Frankreich 2,7, Westdeutschland 0,2, Luxemburg 0,3, Italien 0,05)
„wahrscheinliche" Vorräte (C_2) = 4,70 Milliarden t
„mögliche" Vorräte (D) = 3,30 Milliarden t.

In den Lagerstätten der noch nicht in Abbau genommenen Felder beträgt die Summe der Vorräte der Klassen C_2+D 4,7 Milliarden t, während in den Lagerstätten, auf denen bereits Bergbau umgeht, 2 Milliarden t Vorräte der Klasse C_2 und 1,3 Milliarden t der Klasse D ermittelt (geschätzt) wurden. Der größte Teil der C_2-Vorräte in den Lagerstätten mit Bergbaubetrieb befindet sich in Frankreich im Bezirk Ost (1,6 Milliarden t), während der größte Teil der D-Vorräte mit 0,8 Milliarden t auf Westdeutschland entfällt. Die D-Vorräte der westfranzösischen Erzreviere mit rund 0,5 Milliarden t sind auf Grund der unregelmäßigen Lagerung mit sehr großen Ungenauigkeiten behaftet.

Tabelle 1. Gesamtvorräte an Eisenerzen in den Ländern der Montanunion[1])

Land	Roherzmengen in 1000 Mio t	%-Anteil a. d. Gesamtvorräten	Fe-Inhalt in 1000 Mio t	%-Anteil am Gesamt-Fe-Inhalt
Westdeutschland	3,874	34,4	1,191	34,5
Frankreich	7,031	62,4	2,165	62,7
(davon i. Bez. Ost)	(6,084)	(54,0)	(1,779)	(51,5)
Italien	0,073	0,7	0,025	0,7
Luxemburg (einschl. Belgien)	0,282	2,5	0,071	2,1
Montanunion	11,260	100,0	3,452	100,0

[1]) Unter Gesamtvorräten wird hier die Summe der Vorratsklassen $A+B+C_1+C_2+D$ verstanden.

Tabelle 2. Vorratsbilanz der „derzeit in den Ländern der Montanunion bauwürdigen" Eisenerzvorräte mit Stand 1. 1. 1957 (in Mio t)

Land	(Angaben in Mio t)	Förderung 1956	Förderung 1957–71	Summe $A+B+C_1$ bei i. Betrieb befindlichen Lagerstätten	D-Vorräte	Gesamtvorräte
Westdeutschland	Roherzmenge	16,93	249,3	213,8	2500,0	3873,7
	Fe-Inhalt	4,51	66,1	58,6	834,4	1191,0
Frankreich	Roherzmenge	53,36	794,3	2728,0	2155,0	7031,0
	Fe-Inhalt	16,12	239,8	804,8	666,0	2165,4
Italien	Roherzmenge	2,65	29,2	26,1	23,9	72,2
	Fe-Inhalt	0,90	9,9	8,9	8,1	24,9
Luxemburg[2])	Roherzmenge	7,74	116,1	282,1	–	282,1
(einschl. Belgien)	Fe-Inhalt	1,94	29,1	70,8	–	70,8
Länder der Montanunion	Roherzmenge	80,68	1188,9	3250,0	4678,9	11260,0
	Fe-Inhalt	23,47	344,9	943,1	1508,5	3452,1

[2]) Die belgischen Vorräte belaufen sich auf einige Millionen t in der Fortsetzung des luxemburgischen Reviers in Belgien.

Die 4,7 Milliarden t der Klassen C_2+D der noch nicht in Abbau befindlichen Lagerstätten verteilen sich zu annähernd gleichen Teilen auf Westdeutschland (Norddeutsche Tiefebene) und Frankreich (Bezirke Ost und West).

Die sogenannten Außerbilanzvorräte der einzelnen Länder wurden nicht erfaßt. In der statistischen Erhebung heißt es: „Lagerstätten, deren Abbau infolge des geringen Fe-Gehaltes der Erze im Augenblick unwirtschaftlich ist, die jedoch früher oder später wegen Erschöpfung der Fe-reicheren Lagerstätten oder infolge Verbesserung der Abbauverfahren abbauwürdig werden können, wurden nicht in die Erhebung einbezogen."

Aus der Tabelle 2 sind neben den Roherzmengen auch die geschätzten Fe-Inhalte der unter den gegenwärtigen wirtschaftlichen Bedingungen abbauwürdigen Vorräte zu entnehmen. Bei der Ermittlung dieser Zahlen wurde für jedes Revier der durchschnittliche Fe-Gehalt der im Jahre 1956 geförderten Erze zugrunde gelegt. Für die Gesamtvorräte der Montanunion wurde auf diese Weise ein Fe-Inhalt von etwa 3,5 Milliarden Tonnen ermittelt.

Die hier diskutierten Vorratszahlen mögen für unsere Verhältnisse sehr hoch erscheinen. Es sollte jedoch nicht übersehen werden, daß die nunmehr vorliegenden geschätzten Vorräte bei dem 1957 erreichten Fördertempo von 87,4 Mio t wahrscheinlich innerhalb von etwa 100 Jahren erschöpft sein dürften. H. ULBRICH

Die größten Hüttenwerke der Welt

Die Werkzeitschrift der August-Thyssen-Hütte AG, Duisburg-Hamborn, Nr. 2/Februar 1959, stellt fest, daß die Bundesrepublik in der Größe der Stahlwerke zurückgeblieben ist. Ein Hüttenwerk mit einer Rohstahlbasis von 3 bis 5 Mio jato gilt heute schon als normal, während man vor nur wenigen Jahren noch 1–2 Mio t als ausreichend ansah. Als die 10 größten Werke werden angegeben:

Die 10 größtenHüttenwerks-Einheiten der Welt (Rohstahl-Kapazität 1957 in 1000 metr. t)

UdSSR	Hüttenkombinat Magnitogorsk	6600*)
USA	Gary Works, US Steel Corp.	6535
USA	Sparrow Point Plant, Bethlehem Steel Company	5625
USA	Lackawanna Plant, Bethlehem Steel Company	5190
USA	Indiana Harbor Works, Inland Steel Company	4990
USA	South Works, US Steel Corp.	4936
UdSSR	Hüttenkombinat Stalinsk	4000*)
USA	Homestead Works, US Steel Corp.	3668
USA	Bethlehem Plant, Bethlehem Steel Company	3402
China	Hüttenwerk Anshan	3000*)

*) Erzeugung 1957

E.

Großschachtanlage bei Kriwoi-Rog

Eine der größten Eisenerzgruben der Welt wird im Revier Kriwoi-Rog im südlichen Teil der Ukraine ausgebaut. Die Schachtanlage soll 1961 in Betrieb genommen werden und bei voller Auslastung jährlich 7,4 Mio t Eisenerz liefern. Das ist soviel wie die durchschnittliche Halbjahresförderung von Schweden oder Kanada. Die Schichtleistung je Bergmann (bei einem Sechsstundentag) wird durch die moderne Ausstattung der Grube etwa 25 t Erz betragen und damit die bisher besten Leistungen in der Welt übertreffen. I.

Der größte Martinofen der Welt

Mit einer projektierten Kapazität von 750 t haben sowjetische Ingenieure den leistungsfähigsten Martinofen der Welt konstruiert. Der neuentwickelte Hochleistungsofen wird jährlich nahezu doppelt soviel Stahl liefern wie die herkömmlichen Schmelzanlagen und gleichzeitig um 20% billiger sein als vergleichbare Öfen anderer Art. Als Brennstoff soll Erdgas oder Koksgas verwendet werden. Die bisher größten Martinöfen, die in Hüttenwerken der UdSSR und der USA betrieben werden, haben eine Kapazität von 500 t. I.

(Aus: „Die Wirtschaft", Jg. 14, Nr. 14, v. 1. 4. 59, S. 12)

Krise im schwedischen Eisenerzbergbau

Die Exporte von schwedischen Eisenerzen stiegen von 11,5 Mio t 1948 auf 17,3 Mio t 1956. Von da an sanken die Exporte. Sie betrugen

1958 nur noch 14,8 Mio t. Anfang 1959 führte dieser Exportrückgang dazu, daß eine Reihe von Gruben in Bergslagen, Ställberg, Stripa, Striberg und Pershyttan wegen Absatzmangels plötzlich 10000 Arbeitern kündigen mußten.

Die phosphorarmen schwedischen Eisenerze sind nicht mehr länger die erforderliche Voraussetzung für die Produktion von Qualitätsstahl, nachdem die Hüttenwerke auf dem Kontinent immer mehr zu neuen Methoden übergegangen sind, die auch das Verarbeiten von phosphorhaltigem Erz zur Herstellung von Qualitätsstahl gestatten. Von dem Exportrückgang sind vorwiegend die mittleren und kleineren schwedischen Gruben betroffen worden, bisher jedoch nicht die phosphorhaltigen Erze von Grängesberg und die Erzminen in Lappland. I.

Vorräte der Eisenerzlagerstätten der UdSSR[1])

Name der Lagerstätte oder Lagerstättengruppe	Vorherrschende Erztypen	Bilanzierte Vorräte (in Mio t)	% der UdSSR
Kriwoi-Rog-Becken (Ukraine)	Hämatite, Eisenquarzite	20979	36,3
Krementschug-Gruppe (Ukraine)	Eisenquarzite, Magnetite	1378	2,4
Kertscher Becken (Ukraine)	Brauneisen	2089	3,6
Dakessan (Transkaukasien)	Magnetite	87	0,2
Chopjor (Wolga)	Brauneisen	85	0,1
Kursker Magnetanomalie (Zentrales Schwarzerdegebiet)	Magnetite, Siderite, Eisenquarzite	3229	5,6
Tula (Zentrum)	Brauneisen	73	0,1
Pudoshgorsk (Nordwesten des europäischen Teils)	Titanmagnetite	317	0,5
Meshoserskoje (Nordwesten des europäischen Teils)	Eisenquarzite	70	0,1
Kostomukscha (Nordwesten des europäischen Teils)	Eisenquarzite	56	0,8
Jeno-Kowdora (Nordwesten des europäischen Teils)	Magnetite	393	0,7
Afrikanda (Nordwesten des europäischen Teils)	Titanmagnetite	626	1,1
Olenegorsk (Nordwesten des europäischen Teils)	Eisenquarzite	415	0,7
Bogoslowsk-Iwdel-Gruppe (Ural)	Magnetite	73	0,1
Katschkanar (Ural)	Titanmagnetite	7687	13,3
Tagil-Kuschwa-Gruppe (Ural)	Magnetite	509	0,9
Alapajewsk-Gruppe (Ural)	Brauneisen	75	0,1
Wisim (Ural)	Titanmagnetite	198	0,3
Perwouralsk (Ural)	Titanmagnetite	169	0,3
Bakal-Gruppe (Ural)	Brauneisen, Siderite	307	0,4
Magnitogorsk (Ural)	Magnetite	325	0,6
Sigasinski-Komarow-Gruppe (Ural)	Brauneisen	131	0,2
Chalilowo-Gruppe (Ural)	legierte Erze	262	0,5
Kustanai-Becken (Kasachstan)	Magnetite, Brauneisen	10194	17,1
Priaral-Gruppe (Kasachstan)	Brauneisen	1413	2,7
Atasu-Gruppe (Kasachstan)	Hämatite, Magnetite	335	0,6
Karsakpai-Gruppe (Kasachstan)	Eisenquarzite	255	0,4
Gorna-Schoria-Gruppe (Westsibirien)	Magnetite	285	0,5
Karasuk (Westsibirien)	Hämatite	74	0,1
Abakan-Gruppe (Ostsibirien)	Magnetite	214	0,4
Unterer Tunguska-Rayon (Ostsibirien)	Magnetite	180	0,3
Angara-Pit-Becken (Ostsibirien)	Hämatite	1573	2,7
Angara-Ilim-Rayon (Ostsibirien)	Magnetite	598	1,0
Nertschinsker Rayon (Ostsibirien)	Brauneisen	345	0,6
Süd-Aldaner Rayon (Ostsibirien)	Magnetite	213	0,4
Garinsk (Fernost)	Magnetite	160	0,3
Kimkan (Fernost)	Eisenquarzite	238	0,4
Zusammen		56010	97,1

An den Vorkommen sind beteiligt: Eisenquarzite mit 43% der bilanzierten Vorräte, Brauneisenerze mit 23%, Titanmagnetite mit 16%, Hämatite mit 8%, Magnetite mit 8%.

[1]) Nach: A. ZIMM, „Kohle, Eisenerz, Hüttenindustrie; Neues über Bodenschätze in der Sowjetunion". Sonderbeilage zur „Presse der Sowjetunion" Nr. 47 vom 17. 4. 1959, S. 13–14.

SM-Stahl aus phosphorreichen Eisenerzen

Die neuesten Entwicklungen, durch Sauerstoffverfahren Roheisen zu raffinieren, haben dazu geführt, daß man direkt — vom phosphorreichen Eisen ausgehend — jetzt Stahl erblasen kann, der für alle Nuancen qualitätsmäßig dem SM-Stahl gleich ist. Es ist kaum nötig, auf die Folgen dieser wahrhaften Umwälzung hinzuweisen, die in kurzer Zeit wahrscheinlich die alten Bezeichnungen: Thomasstahl und SM-Stahl verschwinden lassen wird.

Phosphorreiche Eisenerze, die bisher nur im Thomasverfahren verhüttet werden konnten, gewinnen somit gegenüber den phosphorfreien Erzen erhöhtes Interesse. Für die geologische Erkundung von Eisenerzvorkommen ist dieser technische Vorgang von ausschlaggebender Bedeutung in der Beurteilung der Erzqualitäten. I.

Eisenerze aus Kanada und Venezuela

In einem Beitrag der Monatszeitschrift „Europa" Nr. 12/1958 stellt EMILE SCHNEIDER, Luxemburg, — Abteilung für Industriefragen und Investitionen der Hohen Behörde der Montanunion — fest:

„Der Aufschwung des Erzbergbaus in Kanada und Venezuela ist neuen Datums. Im Jahre 1954 förderte Kanada nur 6,7 Mio t, im Jahr darauf hatte sich die Förderung mehr als verdoppelt. 1957 überstieg sie bereits 20 Mio t. In Venezuela war es ähnlich: Von 5,4 Mio t 1954 erhöhte sich die Erzförderung 1955 auf 8,3 und 1956 auf 11, 1957 schließlich auf 15 Mio Jahrestonnen. Durch den Transport mit den großen Erzfrachtern stellt sich der Preis dieser Erze in europäischen Häfen bereits heute auf 15–16 $ je Tonne und ist damit mit dem schwedischen Erz durchaus konkurrenzfähig." E.

Küstenstahlwerke[1])

In der Stahlindustrie bestimmt die Höhe der Transportkosten den günstigsten Standort. Daher sind seit dem Ende des letzten Krieges wahrhafte Wanderbewegungen der Eisen- und Stahlproduktion zum Meer zu beobachten. Diese Erscheinung trifft nicht für Europa allein zu. Sie vollzieht sich auch in den Vereinigten Staaten und der übrigen Welt. Sie betrifft nicht nur die neuen Werke, die gebaut oder projektiert werden, sondern auch die alten Werke, die durch große Wasserstraßen die Verbindung mit dem Meer suchen.

Die Werke bei Bremen, Ijmuiden (Holland), Dünkirchen, Cornigliano (Italien), Oxelösund (Schweden), die Flußregulierung an der Mosel (Verbindung der ostfranzösischen Stahlindustrie mit dem Meer) und am St.-Lorenz-Strom (Hochseeschiffstransport für die Stahlindustrie an den großen Seen) zeigen diese Entwicklungstendenz.

Für die Herstellung einer Tonne Walzstahl sind im Durchschnitt 4–5 t Rohstoffe notwendig (Koksfeinkohle, Erz, Schrott, diverse andere Materialien). Das ergibt, daß für neu zu bauende Stahlwerke die Nachbarschaft eines großen modernen Hafens und eines aufnahmefähigen Verbrauchszentrums für die Standortfestlegung wichtiger ist als die Nähe eines der traditionellen Eisenerz- oder Kokskohlenreviere.

[1]) (Nach „L'Usine Nouvelle", Paris, vom 5. 3. 1959.)

NE-Erze

Norwegischer Schwefelkies

Die Förderung von Schwefelkies sank in Norwegen 1958 auf 786552 t gegenüber 831304 t im Jahre 1957. Auch der Export von Schwefelkies ging zurück, und zwar auf 394826 t im Jahre 1958 gegenüber 449675 t im Jahre 1957.

Die wichtigsten Bezugsländer für norwegischen Schwefelkies waren:

	1957	1958
	in 1000 t	
Westdeutschland	160,0	155,0
Schweden	111,9	103,8
Dänemark	62,3	45,6
DDR	62,7	41,6
ČSR	20,7	21,2

Kleinere Partien wurden im vorigen Jahre ferner nach Frankreich und den Niederlanden geliefert. E.

Schwefelvorräte der Welt

Die nachfolgende Tabelle, die möglicherweise den Stand vom 1. 1. 1958 angibt, wurde vom Unterstaatssekretär im Ministerium für Chemische Industrie der Volksrepublik Polen, A. KOWALSKI, in „Die Wirtschaft" Nr. 16 vom 15. 4. 1959, S. 13, veröffentlicht:

Land	In 1000 t bilanzierte Vorräte	Schwefelinhalt im Erz in %	In 1000 t Jahresproduktion
Mexiko	110000	25–30	1500 (1956)
Polen etwa	95000	20–25	–
USA	90000	25–30	5600 (1954)
UdSSR etwa	70000	10–60	40
Italien	30000	8–25	245
Japan	15000	40–60	195
Chile	7000	etwa 60	40
Peru	6000	etwa 50	6
andere Länder	14000	10–60	Spanien 68
	437000		Frankreich 55
			Türkei 10

70–90% des Reinschwefels werden für die Herstellung von Schwefelsäure und Zellulose verbraucht. E.

Ingenieurgeologie

Sowjetisches Gezeiten-Kraftwerk

Sowjetische Fachleute projektieren gegenwärtig ein Gezeiten-Kraftwerk, das die Energie von Ebbe und Flut für die Stromgewinnung ausnutzen wird. Als bestgeeignetes Gebiet werden die Buchten des Weißen Meeres östlich von Finnland bezeichnet. Es ist geplant, einen 100 km langen Damm von 20 Metern Höhe zu errichten, in dessen Staumauer bis zu 1500 Turbinen installiert werden. Um einen möglichst großen Nutzeffekt zu erzielen, kann das Gezeiten-Kraftwerk auch mit anderen Elektrizitätswerken gekoppelt werden. E.

Kultivierung chinesischer Wüsten

Rund 1 Million Quadratkilometer, das sind 11% des chinesischen Territoriums oder die 3fache Fläche Deutschlands, werden in China von Wüsten eingenommen. Diese verteilen sich über den Nordwesten folgendermaßen:

Uighurisches Autonomes Gebiet Sinkiang	54,6 Mio ha
Autonomes Gebiet Innere Mongolei	28,0 Mio ha
Provinz Kansu	13,3 Mio ha
Provinz Tschinghai	7,3 Mio ha
Provinz Schensi	1,3 Mio ha
Autonomes Gebiet Ningsia	1,0 Mio ha

Große Erfolge wurden in den letzten 10 Jahren bei der Befestigung von Dünen erzielt. Im Kansu-Korridor, wo man größere Waldgürtel anlegte, rechnet man mit der Gewinnung von 660000 ha landwirtschaftlicher Nutzfläche.

In Sinkiang hat das Aufbaukorps der Chinesischen Volks-Befreiungsarmee 233000 ha Wüste in blühende Oasen verwandelt, die bereits Rekorderträge an Baumwolle und Obst erbringen.

Neuerdings verwendet man Flugzeuge für die Aussaat von Gras- und Baumsamen.

Die Chinesische Akademie der Wissenschaften läßt nach nutzbaren über- und unterirdischen Wasservorkommen suchen. Ein großes Projekt sieht vor, Wasser aus dem Oberlauf des Jangtse bzw. seiner Nebenflüsse dem Gelben Fluß zuzuführen, dessen Wasservorräte den Anforderungen von Landwirtschaft und Industrie auf die Dauer nicht gewachsen sind. E.

Staudamm am Terek

Zum Bau des Terek-Kuma-Bewässerungskanals, der der größte seiner Art im Nordkaukasus-Gebiet sein wird, wurde am Terek ein Staudamm durch Sprengungen aufgeschüttet. Über diese berichtete der leitende Chefingenieur:

„Die erste Sprengung erfolgte oberhalb des künftigen Damms und brachte 20000 m³ Erde am Ufer zum Einsturz. In wenigen Sekunden kam das Bett des stürmischen Flusses unterhalb der Sprengstelle zum Vorschein; das Wasser war zurückgetreten. Sobald die untere Welle die Visierlinie des künftigen Damms passierte, erfolgte eine zweite Sprengung, und nun stürzten etwa 40000 m³ Ufergestein ins Flußbett. Den vollen Sieg sicherte uns die dritte Sprengung, die weitere 10000 m³ Erde versetzte. Für die erste Sprengung brauchten wir 48, für die zweite über 95 und für die dritte über 17 t Ammonit!"

Auf diese Weise änderte der Terek seinen Lauf, um in Zukunft Hunderttausende ha Boden in der Nordossetischen, der Tschetscheno-Ingischischen, der Dagestanischen und der Kalmükischen Republik wie der Region Stawropol bewässern zu helfen. E.

Zementofen für Sibirien

Die Pariser Presse berichtet Anfang April:

Die Werke von Fives Lille-Cail liefern einen 175 m langen Zementofen, der ein Fassungsvermögen von 5000 t aufweist und als größte Anlage dieser Art in der Welt bezeichnet wird, nach dem sibirischen Hafen von Hatchin. Der Straßentransport auf drei Lkw von je 35 m Länge und 60 t Nutzlast wird von Lille nach Antwerpen durchgeführt und dauert allein zwei Monate. Im belgischen Hafen werden die Bestandteile des Ofens auf einen Seefrachter verladen, der sie nach Murmansk und von da per Eisbrecher nach Hatchin befördert. I.

Kurznachrichten

Österreichs Erdölvorräte — Nach den neuesten Schätzungen verfügt Österreich über Erdölvorräte von etwa 50 bis 60 Mio t. Die Rohölförderung soll auf jährlich etwa 4 Mio t erhöht werden. Ab 1965 wird Österreich in der Lage sein, den gesamten Bedarf Süddeutschlands an Dieselöl und leichtem Heizöl aus den Überschüssen seiner Förderung zu decken und darüber hinaus noch beträchtliche Mengen in die Schweiz auszuführen.

Elwerath in Äthiopien

Am 31. 3. 1959 wurde in Addis Abeba ein Erdölkonzessionsvertrag zwischen der äthiopischen Regierung und der Gewerkschaft Elwerath unterzeichnet. Diese hat im Mai mit den geologischen Kartierungen in Ogaden begonnen, also im Ostteil Äthiopiens, der im Norden von Britisch Somaliland und im Südosten von Italienisch Somaliland begrenzt wird.

Die internationalen Rohölpreise zeigen fallende Tendenz. In Venezuela, den USA und jetzt auch in Kuweit, Iran Irak und Quatar gingen die Preise um 7–10% zurück. Nach englischer Ansicht liegt die Bedeutung des Preisrückganges vor allem darin, daß nunmehr die Abhängigkeit der europäischen Ölpreise von denen in den USA endgültig durchbrochen ist.

Zunahme der Steinkohlenhalden im Bereich der Montanunion

1958 (in 1000 t)	Förderung	Haldenzunahme	Absatz
Westdeutschland	132 582	+ 7 820	124 762
Saarland	16 255	+ 717	15 538
Belgien	27 058	+ 5 513	21 545
Frankreich	57 716	+ 2 981	54 735
Italien	721	– 29	750
Niederlande	11 881	+ 434	11 447
Montanunion insgesamt	246 388	+ 17 275	229 113

I.

Steinkohle aus Spitzbergen wird für die westdeutschen Kraftwerke in Kiel und Lübeck geliefert. Für 1959 werden von diesen Betrieben etwa 100000 t Spitzbergen-Steinkohle verbraucht werden.

Schweres Wasser aus Thermen

In Island gibt es zahlreiche Vorkommen von überhitztem Naturdampf. Wie aus Rejkjavik gemeldet wird, ist beabsichtigt, auf der Basis von Naturdampf den Bau eines Werkes für eine Jahresproduktion von 100 t schweren Wassers zu projektieren. I.

In den nächsten Heften

der

Zeitschrift für angewandte Geologie

erscheinen u. a. folgende Beiträge:

Zum 10. Jahrestag der DDR wird Heft 10 in verstärktem Umfang erscheinen. In der Festausgabe werden u. a. folgende Artikel veröffentlicht:

F. STAMMBERGER: Zur Festlegung der Konditionen für mineralische Rohstoffe
E. KAUTZSCH: Über die einzelnen Stadien bei der geologischen Erkundung von Lagerstätten nutzbarer mineralischer Rohstoffe
E. LANGE & P. BEHRENS: Zentraler Geologischer Fonds (ZGF) der DDR
J. OTTEMANN: Röntgen-Fuoreszenzspektrometrie und Mineralanalyse
E. LEWIN: Zur Frage der Bauwürdigkeit
C. MUEHLBERGER: Die Bedeutung der Grundwasser-Organismen für hydrogeologische Erkundungen
K. HEIMLICH: Zum Karbonatgehalt des Hauptanhydrits (Zechstein 3) im nördlichen Harzvorland und Unstrutgebiet
H. HÄNICHEN: Einige ingenieurgeologische Probleme beim Bau der Talsperre Pöhl
K. HINZ: Zum Abhängigkeitsverhältnis Geochemie/Nutzporosität in der Karbonatfolge des Zechstein 2 am Westteil der Struktur Mulkwitz (Niederlausitz)
H. BRÜHL: Über die Lage von Flächenelementen an geneigten Faltenstrukturen
P. BEHRENS & I. MARKERT: Lochkartenverfahren zur komplexen Dokumentation und Auswertung geologischer Erkundungsergebnisse
T. KAEMMEL & E. KNAUER: Die Quecksilberauftriebswaage in der angewandten Geologie
H. HAUSMANN: Die Fauna eines Zechsteinriffes bei Profen
P. RICHTER: Bemerkungen über ein Vorkommen von Kobaltmanganerz bei Rengersdorf/Lausitz
F. REUTER: Geologische Betrachtungen über Abdichtungsarbeiten bei Talsperren
K. DETTE: Bohrschwierigkeiten im Dolomit des Unteren Zechsteins im Raum Spremberg
W. MEHNER: Ein Rohstoffproblem im Abraum des künftigen Großtagebaues Welzow-Süd
R. HAAGE: Geologische und petrographische Untersuchungen des Tertiärquarzits von Morl
R. MEINHOLD: Entwicklungsstand und Probleme der geochemischen Prospektionsmethoden auf Kohlenwasserstoffe
R. HOHL & L. EISSMANN: Wasserbohrungen im nord- und mittelsächsischen Porphyrgebiet
K. LEHNERT: Die seitliche Bohrlochsondierung und ihre Anwendung im norddeutschen Mesozoikum
A. BECKER: Geophysikalische Bohrlochmessungen im Zechstein-Hauptdolomit
J. DOCKTOR & P. PUFF: Neue Kartensymbole für die Gliederung des Unteren und Mittleren Buntsandsteins in Thüringen auf zyklischer Grundlage
B. STEINBRECHER: Vorkommen von Schwefelkristallen im Stinkschiefer aus der Bohrung Bösenrode 9 am Südharzrand
A. L. HECK: Reorganisation und Perspektive der geologischen Kartierung im Raum Mecklenburg

Bisher erschienene oder in Vorbereitung befindliche

Beihefte zur Zeitschrift GEOLOGIE

Heft 10: Prof. Dr. KURD v. BÜLOW
Allgemeine Küstendynamik und Küstenschutz an der südlichen Ostsee zwischen Trave und Swine
1954. 88 Seiten – 34 Abbildungen – 4 Tafeln – 17 × 24 cm – DM 6,–

Heft 11: HEINZ PFEIFER
Der Bohlen bei Saalfeld Thüringen
1954. 88 Seiten – 9 Tafeln – 17 × 24 cm – DM 6,–

Heft 12: Dr. HELMUTH ZAPFE
Beiträge zur Erklärung der Entstehung von Knochenlagerstätten in Karstspalten und Höhlen
1954. 60 Seiten – 12 Abbildungen – 17 × 24 cm – DM 4,25

Heft 13: Dr. RUDOLF DABER
Pflanzengeographische Besonderheiten der Karbonflora des Zwickau-Lugauer Steinkohlenreviers
1955. 45 Seiten einschließlich 25 Tafeln – 6 Abbildungen – 17 × 24 cm – DM 6,–

Heft 15: Prof. Dr. KARL KEIL
Die Genesis der Blei-Zinklagerstätten von Oberschlesien (Gorny Slask, Polen)
1956. 63 Seiten – 27 Abbildungen – 17 × 24 cm DM 4,80

Heft 16: PETER ENGERT
Beiträge zur Stratigraphie und Tektonik des Elbtalschiefergebirges
1956. 72 Seiten – 6 Figuren – 16 Abbildungen – 3 Tafeln – 17 × 24 cm – DM 6,–

Heft 17: Dr. ERNST HAMEISTER
Die geologische Entwicklung der Buckower Pforte (ein Beitrag zur jüngeren Talgeschichte Norddeutschlands)
1957. 46 Seiten – 25 Abbildungen – 17 × 24 cm DM 6,20

Heft 18: EWALD v. HOYNINGEN-HUENE
Die Texturen der subsalinaren Anhydrite im Harzvorland und ihre stratigraphische und fazielle Bedeutung
1957. 47 Seiten – 5 Abbildungen – 9 Tafeln – 17 × 24 cm – DM 6,50

Heft 19: Dr. RUDOLF DABER
Parallelisierung der Flöze des Zwickauer und des Lugau-Oelsnitzer Steinkohlenreviers auf Grund paläobotanischer Untersuchungen
1957. 64 Seiten – 11 Abbildungen – 5 Bildtafeln, 2 Einschlagtafeln – 17 × 24 cm – DM 9,80

Heft 20: Dr. ULRICH JUX & Dr. HANS D. PFLUG
Über Aufbau und Altersgliederung des Rheinischen Braunkohlenbeckens
1958. 48 Seiten – 11 Abbildungen – 17 × 24 cm DM 8,20

Heft 21/22: Dr. WINFRIED KRUTZSCH
Mikropaläontologische (sporenpaläontologische) Untersuchungen in der Braunkohle des Geiseltales
1959. 425 Seiten einschließlich 49 Bildtafeln – 38 Abbildungen – 12 Tabellen – 17 × 24 cm – DM 53,–

Heft 23: Dr. HANS HETZER
Feinstratigraphie, Sedimentationsverhältnisse und Paläogeographie des höheren Ordoviciums am Südostrand des Schwarzburger Sattels
1958. 96 Seiten – 10 Abbildungen – 11 Tafeln – 17 × 24 cm – DM 9,80

Heft 24: Dr. WOLFGANG JUNG
Zur Feinstratigraphie der Werraanhydrite (Zechstein 1) im Bereich der Sangerhäuser und Mansfelder Mulde
1958. 88 Seiten – 10 Abbildungen – 13 Tafeln – 17 × 24 cm – DM 9,80

Heft 25: Prof. Dr. EHRHARD VOIGT
Revision der von F. v. Hagenow 1939–1850 aus der Schreibkreide von Rügen veröffentlichten Bryozoen — in Vorbereitung

Heft 26: Dr. RUDOLF DABER
Die Mittel-Visé-Flora der Tiefbohrungen von Doberlug-Kirchhain — in Vorbereitung

Bestellungen einzelner Hefte oder zur Fortsetzung durch eine Buchhandlung erbeten

AKADEMIE-VERLAG · BERLIN

Bei Fragen zur Produktsicherheit wenden Sie sich bitte an:
If you have any questions regarding product safety,
please contact:

Walter de Gruyter GmbH
Genthiner Straße 13
10785 Berlin
productsafety@degruyterbrill.com